KB129575

# 돼지 복지

지은이 **윤진현**

전남대학교 동물자원학부 교수. 핀란드 헬싱키대학교 수의과대학 수의학박사(동물복지 전공), 핀란드 동물복지연구소 박사 후 연구원, 캐나다 프레리 양돈 센터(Prairie Swine Centre) 연구원 등을 거쳤다. 현재 국립축산과학원 한국가축사양표준 위원회 돼지분과 위원, 한국축산학회 학술위원, 대한한돈협회 동물복지 전문위원을 맡고 있다. 양돈에서 동물복지형 사육 시설 및 관리 기술, 돼지의 스트레스 요인 분석 및 측정 방법 개발, 산화 환원(Redox) 기반 다산성 고능력 돼지의 산화스트레스 제어 방안, 그리고 축산농가의 질병 제어를 위한 방역체계 개발 연구들을 수행해 왔다. 《동물영양학》《양돈과 영양》《동물과 인간생활》《Patterns of Parental Behavior》을 공동으로 집필하였다.

# 돼지 복지

### 공장식 축산을 넘어, 한국식 동물복지 농장의 모든 것

© 윤진현, 2024

초판 1쇄 인쇄 2024년 6월 5일
초판 1쇄 발행 2024년 6월 17일

지은이 윤진현
펴낸이 이상훈
편집2팀 원아연 최진우
마케팅 김한성 조재성 박신영 김효진 김애린 오민정

펴낸곳 (주)한겨레엔 www.hanibook.co.kr
등록 2006년 1월 4일 제313-2006-00003호
주소 서울시 마포구 창전로 70 (신수동) 화수목빌딩 5층
전화 02-6383-1602~3 | 팩스 02-6383-1610
대표메일 book@hanien.co.kr
ISBN 979-11-7213-074-9 03470

- 이 책은 전남대학교 학술도서출판 지원을 받아 저술되었습니다.
- 책값은 뒤표지에 있습니다.
- 파본은 구입하신 서점에서 바꾸어 드립니다.
- 이 책의 일부 또는 전부를 재사용하려면 반드시 저작권자와 (주)한겨레엔 양측의 동의를 얻어야 합니다.

윤진현 지음

공장식 축산을 넘어,
한국식 동물복지
농장의 모든 것

돼지
복지

누구보다 돼지 관리에 열정적이었던 영환이를 기리며

# 추천의 글

우리나라의 축산업은 초기에는 농가의 부업 수준에서 시작되어 점차 전문화, 전업화 및 대형화를 거쳐 현재는 아시아에서 선도적인 위치를 차지하고 있습니다. 이 과정에서 국내 축산농가들은 주로 생산 규모의 확장과 생산성 향상에 집중해 왔습니다. 하지만 최근 국내 축산업계에도 동물복지의 개념이 도입되면서 새로운 국면을 맞이하게 되었습니다.

전 세계에서 동물복지 분야의 연구와 정책을 선도하고 있는 유럽연합EU의 여러 정책을 바탕으로 우리나라 정부도 축산업 전반에서 동물복지를 고려하기 시작했습니다. 2013년 3월에는 '동물보호법'이 제정되어 운영되다가 2022년 12월에는 '동물복지법'으로 개편되었습니다. 동물복지에 대한 일반인의 관심도 높아지면서 같은 해 12월 농림축산식품부에 '동물복지환경정책국'이 신설되고, '동물복지정책과'와 '반려산업동물의료팀' 역시 새롭게 설치되었습니

돼지 복지

다. 또한, 오랫동안 논란이 되었던 '개 식용 금지법'이 2024년 1월 9일에 국회를 통과하였습니다. 이 법안의 통과로 인해 우리나라는 이제 법적으로 개고기 식용을 금지한 홍콩, 인도, 필리핀, 대만, 태국 등의 국가와 어깨를 나란히 하게 되었습니다.

동물복지에 대한 이론적 근거는 1964년 영국에서 루스 해리슨 Ruth Harrison이 《동물 기계 Animal Machines》라는 책을 통해 동물도 인간과 비슷하게 고통, 스트레스, 불안, 두려움, 좌절, 기쁨 등을 느낀다고 주장하면서 마련되었다고 할 수 있습니다. 우리나라의 동물복지 정책과 규정들이 유럽연합의 정책을 그대로 답습하지 않고, 국내 축산농가들의 현실과 잘 조화하면서 발전할 수 있도록 앞으로도 윤진현 교수가 주도적으로 활약하기를 기대합니다.

유럽연합에서 가장 먼저 동물복지 정책을 강력하게 추진한 영국의 사례를 보면, 1998년 80만 두였던 모돈이 2022년에는 24만 두로 줄어들면서 사료 회사, 첨가제 회사, 동물약품 회사, 도축장 및 가공업체들이 연쇄적으로 도산하였습니다. 그 결과, 돼지고기 자급률이 1998년 80%에서 40% 이하로 급락하여 현재는 동물복지 돈육이 아닌 저렴한 일반 돈육을 덴마크, 네덜란드, 독일에서 수입하는 상황이 되었습니다. 이를 반면교사로 삼아, 우리나라의 동물복지 정책은 축산업의 발전을 저해하지 않는 범위에서 다양한 축산 분야에 적용되길 기대해 봅니다.

동물복지에 대한 연구가 활발한 핀란드에서 산업동물의 동물복지를 연구하고, 박사 학위를 취득한 윤진현 교수가 동물복지에 대한 전공 서적인《돼지 복지》를 발간한 것에 기쁘게 생각합니다. 이 책을 통해 국내 동물복지 축산에 관심이 많은 학생뿐만 아니라 건강한 축산물을 원하는 소비자들도 동물복지 정책이 국내에서 어떻게 적용되어야 하는지를 생각해 보는 좋은 기회가 되리라고 확신합니다.

- 김유용(서울대학교 식품동물생명공학부 교수)

윤진현 교수의 책을 '동물복지 조립 설명서'라고 생각하며 읽었습니다. 우리가 대안의 삶 앞에서 망설이는 가장 큰 이유는 현실의 우리 자리에서 그곳까지 가는 중간 과정이 보이지 않기 때문이라고 생각합니다. 대안으로 향하는 길이 그려지지 않으니, 목적지에 도달하는 일이 막연하고 불가능하게만 느껴지는 게 아닐까요?

《돼지 복지》는 여러분과 제가 발 딛고 서 있는 이 땅에서 동물복지가 어떤 시설과 어떤 사육 방식의 조합을 통해 실현 가능한지를 실제 사례들을 통해 세밀하게 보여줍니다. 그 과정을 따라가다 보면 개념으로만 알고 있던 동물복지를 현실의 일부분으로 경험하게 됩니다.

제가 일했던 농장들에서는 사람이 조금만 다가가도 돼지들이 소스라치게 놀라며 도망가기 바빴습니다. 사람이 같은 공간에 있다는 사실만으로도 두려워한다는 걸 뚜렷이 확인할 수 있을 정도로 말입니다. 이 책에서 가장 놀라웠던 장면은 국내 1호 양돈 복지 농장, '더불어 행복한 농장'에서 돼지들이 먼저 사람들에게 다가와 냄새를 맡고 코를 비벼대는 모습이었습니다. 돼지가 인간과 함께 즐거워할 수 있다는 사실을, 제가 경험한 농장과는 완전히 다른 농장이 충분히 가능하다는 사실을 이 책을 통해 처음으로 알게 되었습니다.

인간과 동물이 더불어 행복한 농장에서 우리가 건강한 고기 이상의 것을 만들어낼 수 있기를, 인간과 자연이 건강하게 관계 맺는 길을 발견해 낼 수 있기를 기원해 봅니다.

- 한승태(《고기로 태어나서》 저자)

# 왜 돼지가 행복해야 할까?

핀란드에서 유학했다고 하면 우리나라 사람들은 무슨 공부를 했기에 핀란드까지 갔냐고 묻고는 한다. 거기다가 동물복지라고 답하면 사람들은 눈을 동그랗게 뜨고 '그런 것도 있어?' 하는 표정으로 나를 바라본다. 그들에게는 핀란드도 동물복지도 너무 생소한 듯하다.

우리나라에서 동물복지라고 하면 반려동물에 관한 것을 먼저 떠올린다. 그러다 보니 반려견 산책을 얼마나 자주 시켜야 하는지 같은 반려동물의 행동 특성에 관한 질문을 흔히 받는다. 동물복지에 대한 또 다른 선입견 중 하나는 동물복지를 실험을 통해 데이터를 해석하는 과학의 한 분야보다는 '동물권'을 주장하는 철학이나 윤리학의 한 분야쯤으로 여기는 것이다. 어떤 이는 동물복지를 동물 '복제'라고 알아듣고서 생명공학의 첨단을 달리는 어려운 공부를 한다며 나를 치켜세우기도 했다. 복제가 아니라 복지라고 정정해 주니 상대방은 동물 복제를 하려면 어쨌든 복지도 필요한 것 아니냐며 대충 얼버무렸다. 아직 우리나라 사람들은 동물복지에 관해 잘못된 생각을 가지고 있거나, 인식이 좁고 무지한 경우가 대부분이다. 그러니 내 전공인 농장동물 복지를 이야기할 때 우리가 잡아먹기 위해 키우는 동물의 복지까지 신경 써줘야 하느냐며 이해가 안 된다는 반응을 보이는 것도 그리 이상한 일은 아니다.

나는 그들에게 조금 더 현실적인 답을 하고 싶다. 현대 사회에서 돼지가 인간에 의해 이용되고 소비되는 것은 엄연한 사실이다. 그렇다면 돼지를 더 편안한 환경에서 건강하게 키우는 것이 결국은 최종 소비자인 인간에게도 이로운 일일 것이다. 마트 진열대에 가지런히 놓인 고깃덩어리라는 상품을 사들이면서, 그것이 과거 어느 순간에는 살아 있는 생명으로서 어떤 환경에서 살았고 어떤 과정을 거쳐 나의 식탁에 올라왔는지 알아야 할 의무도 역시 있다고 믿는다.

하지만 대부분의 소비자는 이 일련의 과정에 대해 생각해 보지도 않았을 것이다. 아니 관심 두는 것 자체를 꺼렸을지도 모르겠다. 이얼 프레스Eyal Press는 자신의 저서 《더티 워크Dirty Work》에서 혐오스럽고 오염된 것을 목격하지 않으려는 인간의 욕망이 사회의 더럽고 불쾌한 면을 지워버린다고 말한다. 드러나지 않도록 깨끗이 치워버리는 것이다. 매일 돼지고기를 소비하면서도 주변에서 실제로 살아 있는 돼지를 한 번도 볼 수 없었던 이유이기도 하다. 이런 이들에게 동물복지란 말을 꺼내면 십중팔구는 이렇게 묻는다.

"돼지의 복지를 위한다면서 돼지를 애지중지 키워 잡아먹는 건 괜찮고?"

이들을 위해 1장 첫 시작으로 우리나라에서 관행적으로 운영되고 있는 양돈장의 모습을 담았다. 우리 사회에서 왜 동물복지가 이슈화되고 있는지 이해하려면 본질을 직시할 필요가 있다고 생각했기 때문이다. 이를 위해 20여 년 전 학부생으로 첫 현장실습을 경험하면서 기억에 남았던 장면들과 그때나 지금이나 별반 다르지 않은 최근 양돈장 모습들을 오버랩했다.

아마 축산물 생산 과정을 잘 모르는 사람에게 동물복지 농장의 모습을 떠올려 보라고 하면 대부분 어린 시절 동화책이나 영화를 통해 접했던 목가적인 동물농장을 상상할 것이다. 소들이 푸른 초원에서 한가로이 풀을 뜯고 있거나 닭들이 마당에 아무렇게나 풀어져 있는 모습, 아니면 귀엽고 토실토실한 돼지들이 나무로 지어진 집에서 쿨쿨 낮잠을 자는 모습 말이다. 이런 곳에서는 다양한 동물들이 화목한 가족과 한데 어우러져 지내는 것으로 묘사된다. 하지만 현실은 그렇게 아름답지 않다. 무엇보다 이렇게 평화로운 시골 농장에서 키우는 가축만으로는 현대 사회의 육류 소비량을 충족하는 것이 불가능하다.

2차 세계대전 이후 서구 사회의 소비가 급증하고 인구가 증가하면서 육류 소비량도 전 세계적으로 꾸준히 증가했다. 사람들은 더 값싸고 위생적인 축산물을 요구하기 시작했고, 이때부터 농장

돼지 복지

은 생산성을 향상하기 위한 시설과 기술을 도입해야 했다. 이러한 현대식 생산 시스템에서 농장동물들은 과거보다 온도, 습도, 환기 조절이 최적화된 시설에서 영양소가 골고루 배합된 사료를 먹으며 자란다. 또한 전염성 질병과 천적의 위협으로부터 더욱 안전하게 관리된다. 그렇다고 해서 지금 우리가 먹고 있는 돼지들의 복지가 과거보다 나아졌다고 할 수 있을까? 그리고 우리가 더 건강한 돼지 고기를 소비한다고 확신할 수 있을까?

이 물음에 답하기 위해 돼지에게 좋은 삶이란 무엇인지, 또 돼지를 건강하게 키우는 것이 왜 중요한지에 대해서 각각 5장과 7장에 서술하였다. 동물복지 축산물을 향한 관심은 최근 집약적 축산의 부작용으로 부각되는 가축 전염성 질병 확산, 축산물 유해 물질 잔류, 축산농가에서 발생한 항생제 내성균 등이 이슈화되면서 위생적인 축산물을 요구하는 소비자들을 중심으로 커지고 있다. 안전한 축산물을 얻는 것과 동물복지가 어떤 연관이 있는 것일까?

동물의 본능적인 행동이나 습성을 억압한 생산 시스템은 동물의 대사 작용을 교란하고 면역 체계를 손상해 동물을 질병으로부터 취약하게 만든다. 더욱이 현대식 축산에서 농장동물들은 생산성을 극대화하는 품종만이 선택되고 개량되면서 바이러스나 박테리아 같은 병원체에 저항할 수 있는 강건성이 떨어진다. 또한, 규모화된 사육 환경에서 병원체들은 기생할 수 있는 숙주가 많으니 더욱 쉽게 세력을 키우면서 전염성 질병의 확산을 일으킨다. 이런 상황에서 이윤을 추구해야 하는 생산자는 가축의 질병 치료 및 예방을 위해 값싸고 효율적인 방법을 찾아야만 한다. 축산농장에서 항생물질이 포함된 동물약품이나 합성 첨가제에 더욱 의존할 수밖에 없는 까닭이 바로 여기에 있다. 결국 이러한 과정이 동물뿐만 아니라 사람의 건강까지 위협하는 결과를 초래했다.

이 같은 산업 구조에서 동물복지는 반복되는 악순환의 고리를 끊을 수 있는 대안이다. 나는 농장동물 복지의 선진국이라 할 수 있는 북유럽 핀란드에서 10여 년간 연구해 온 경험을 바탕으로 동물복지형 농장이 어떤 것인지, 관행 농장과는 어떤 차이가 있는지에 대해 2장과 6장에 각각 소개하였다. 8장과 9장에서는 우리나라의 기후적 특이성과 좁은 국토를 고려한 동물복지 관리 기술을 소개하였고, 실증된 연구 결과를 기반으로 동물복지형 관리가 지니는 효과에 대해서 살펴보았다.

책의 3장과 4장에서는 내가 유럽에서 동물복지학을 전공하면서 배웠던 이론들을 소개하였다. 현대 사회에서 동물복지의 의미는 아주 간단하다. 한 문장으로 말하면 '현재 동물이 경험하고 있는 자신의 상태'이다. 사람이 자신의 상황에 만족하면 행복 지수가 높아지고 불만족하면 행복 지수가 낮아지듯이, 동물이 현재 처한 상태와 환경을 긍정적으로 받아들인다면 동물의 복지 수준이 높은 것이고, 부정적이면 복지가 나쁜 것이다. 더 중요한 것은 동물복지를 정의하는 것보다 어떻게 동물의 복지 수준을 평가할 것인지 그 기준과 내용을 마련하는 일이다.

최근 우리나라는 축산물 관련 정보 습득이 쉬워지고, 동물에 대한 윤리 수준이 높아지면서 동물복지 사육 환경에 대한 소비자의 관심이 꾸준히 증가하고 있다. 이를 반영하듯 정부는 동물복지 인증제도를 2012년부터 시행하고 있다. 하지만 우리나라에서 동물복지가 이처럼 많은 관심을 받기 시작한 지 불과 10여 년밖에 되지 않았기 때문에 관련 연구나 교육이 아직 부족한 실정이다. 그래서 우리나라는 생산자에게 동물복지 사육 환경과 관리 기술에 대해 제공할 수 있는 정보에 한계가 있다. 상황이 이러니 농가가 동물복지형 사육 시설로 전환하는 데는 많은 어려움이 따른다.

이 책의 집필 목적 중 하나는 우리나라 축산농가의 동물복지 활성화이다. 이를 위해 마지막 장은 현재 우리 정부가 시행하고 있는 '동물복지 축산농장 인증제도'의 한계점을 짚어보고, 개선 방향에 대해 나름의 생각을 제시하였다. 우리가 동물복지 분야에서 50년이 넘는 역사를 가진 유럽 국가들을 한 번에 따라잡으려고 하면 그만큼 농가에 많은 부담을 전가하게 된다. 우리가 할 수 있는 것부터 하나씩 하나씩 풀어나가야 할 때이다.

나는 이 책을 통해 자신의 농장에서 동물복지는 현실적으로 실행하기 어렵다고 생각하는 축산업 종사자, 동물복지 인증제도 활성화를 위한 방향과 평가 지표를 고민하는 담당 관계자, 동물복지 축산물을 유통하고 싶지만 인증받은 농장이 턱없이 부족해 안정적인 공급처를 확보하기 어려운 기업체, 그리고 지속 가능한 축산 시스템을 공부하는 동물자원 전공 학생들이 동물복지에 쉽게 접근할 수 있도록 합리적이며 실현 가능한 대안을 제시하고자 하였다. 소비자가 동물복지를 앞당기는 키맨keyman이라면, 이들은 축산농장 동물복지 활성화를 촉진하는 운영 위원이라 할 수 있다. 이들 모두가 현대식 시설에서 돼지의 삶에 긍정적으로 기여할 수 있는 동물복지 사육 환경이 어떤 것인지 알고, 이에 공감할 수 있길 바란다. 동물의 생명을 존중하고 삶의 질을 향상하기 위한 노력이 곧 인간의 건강을 보호하는 일과도 연결되기 때문이다.

끝으로, 시장에서 동물복지 축산물이 제대로 된 가격을 받고 많이 판매되기를 바란다. 많은 소비자가 비싸다는 이유로 동물복지 제품 구입을 포기한다. 동물복지 축산물에 관한 정보가 부족한 탓이다. 나는 소비자들이 이 책을 통해 동물복지의 의미를 제대로 이해하고, 동물복지 사육 환경에 관한 올바른 정보를 얻어 그 가치를 인정하는 소비를 했으면 좋겠다.

# 차례

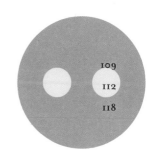

**일러두기**

- 본문에서 동물복지 관련 연구 성과나 이력을 지닌 인물의 경우 인물명을 병기했다. 관련해 추가
  적인 정보를 얻고자 하는 독자에게 편의를 제공하기 위함이다.

# 1장

# 동물복지와의
# 인연

# 돼지와의
## 첫 만남

    대학에 입학할 당시 큰 포부를 가지고 무엇을 해보고자 동물자원학부에 지원한 것은 아니었다. 그저 주어진 상황과 적당히 타협해 보니 내가 갈 곳이 농대였을 뿐이다. 그랬기에 군대에서 제대하고 나서도 전공을 살려 무엇을 할지, 어떤 사람이 될지 결정하는 게 막막했다. 보통 동물자원학부를 졸업한 학생들은 육가공, 유제품, 동물약품, 사료 회사에 취업하는 경우가 대부분이다. 아니면 대학원에서 석박사 학위를 받아 기업체나 대학, 공공기관 연구소에서 연구원으로 일하기도 한다. 현장 업무가 적고 안정적인 직장을 선호하는 학생들은 일찌감치 축산직 공무원 시험을 준비하거나 축산물품질평가원, 가축위생방역지원본부와 같은 축산 관련 기관으로 향하기도 하는데, 고기 육질 등급 판정이나 축산농가 위생, 방역 지원과 관련된 일을 하는 곳이다.

    동물자원학 전공 3학년이 되면 목장 실습을 이수해야 한다. 산란계, 육계, 비육우, 젖소, 양돈 농장 중 한 곳을 선택해 2주간 현장실습을 하고 보고서를 제출하는 과목이다. 수강생들은 현장실습 장소 선택에 앞서 일단 선배들을 통해 정보 수집에 열을 올린다. 수강생들에게는 어느 농장이 육체적으로 덜 힘들고 일을 덜 시키는지, 숙소는 깨끗한지, 함께할 과 동기는 누구인지가 선택에 있어 중요한 요소였다. 그런 면에서 양돈장은 수강생들이 가장 기피하는 실습 장소였다. 당시 수강생들이 실습할 수 있는 양돈장은 경기 북부와 강원 영서 지역에 속한 서너 곳뿐이었다. 센 노동 강도와 긴 노동 시간, 지독한 악취, 불편한 숙소 등 모든 면에서 최악이라는 소문이 자자했다. 그래서 당시 양돈장 실습을 한 명도 지원하지 않은 해가 있을 정도였다.

그런 와중에 나는 양돈장을 지원했다. 열악한 실습 환경을 모르는 것은 아니었지만, 일단 선배들의 의견에 별로 개의치 않았고 평소 다른 사람이 선택하지 않은 방향을 선호하는 개인적인 성향 탓도 컸다. 또한, 지금 양돈이 우리나라 농축산 분야를 통틀어 우리 국민의 주식인 쌀보다 더 큰 시장으로 성장했듯이, 당시에도 축산 분야에서 가장 큰 시장이었기 때문에 무엇이든 기회가 더 있지 않을까 하는 생각뿐이었다. 동물자원학 전공을 살려 직업을 찾아야 했던 3학년 복학생으로서는 선택하지 않을 이유가 없었다. 나와 돼지의 인연은 그렇게 시작되었다.

# 클래식이 들려오던
# 임신사와 스톨 사육

돼지 농장은 보통 암퇘지를 사육해 새끼 돼지들을 생산하는 번식 농장, 그 새끼 돼지들을 구입해 출하할 때까지 키우는 비육 농장, 그리고 번식과 비육을 함께 하는 일관 농장으로 나뉜다. 내가 실습할 곳은 어미 돼지 300여 마리를 포함해 전체 약 3,000마리의 돼지를 사육하는 일관 농장이었다. 사육 규모로만 보면 우리나라 양돈장 평균 사육 마릿수보다 조금 많은 수준이다. 당시 이 농장은 우리 학부와 연구 협약을 맺고 있었고, 단위동물(위가 하나인 동물) 영양학 연구실 대학원생들이 연구를 수행하는 곳이기도 했다. 내가 해야 할 현장실습 업무도 대학원 선배들의 사양실험(일정한 사료를 가축에게 급여한 후 성장률, 사료 섭취량, 사료 효율 등을 분석하는 실험)을 보조하는 일이었다. 즉, 돼지에게 실험 사료를 먹인 후 출하 때까지 사료 효율이 얼마나 높은지, 돼지가 사료를 얼마나 잘 소화하고 빨리 성장하는지 등을 조사하는 것이었다.

2004년 5월의 어느 날, 대학원생 선배의 차를 얻어 타고 현장 실습 농장으로 향했다. 농장 주변으로는 울타리가 둘려 있었고, 입구로 보이는 철문에는 방역상 외부인의 출입을 통제한다는 문구가 빨간 글씨로 큼직하게 쓰여 있었다. 함부로 들어오지 말라는 꽤 엄격한 투였다. 그 문을 열고 들어서자 별안간 하얀 기체가 사방에서 뿜어져 나왔다. 대인 소독 시설이었다. 실습생들은 한 사람씩 차례로 소독 시설을 통과했다. 하얀 분무 속으로 빨려 들어가는 동기들의 모습을 뒤에서 지켜보니 대인 소독기가 마치 다른 차원으로 통하는 문처럼 보였다.

소독 시설을 빠져나와 컨테이너 건물로 들어섰다. 선배들은 일제히 옷을 전부 벗고 옷과 가방, 소지품들을 낡은 철제 캐비닛에 집어넣은 뒤 곧장 샤워실로 향했다. 지금은 방역 차원에서 출입하기 전 필수로 샤워를 하는 농장이 대부분인데, 당시만 하더라도 샤워 시설을 갖춘 양돈장이 흔하지는 않았다. 이 농장은 당시에도 차단방역 관리에 매우 신경 쓰고 있었다. 샤워를 마치고 출입구 맞은편의 문을 열고 나가자 구석진 곳 탁자 위에 농장 안에서 입어야 하는 작업복이 가지런히 놓여 있었다. 속옷, 바지, 셔츠, 조끼, 양말까지 하나씩 꺼내 입고 모자와 장갑까지 착용했다. 거울 앞에 선 내 모습을 보니 꽤 노련한 농장 직원처럼 그럴듯해 보였다. 선배들은 어느새 방을 빠져나가 장화를 신고 있었다.

우리 일행이 처음 향한 곳은 임신한 어미 돼지들이 있는 임신사였다. 그곳에서는 돼지 농장과 어울리지 않는 클래식 음악이 흘러나오고 있었다. 클래식 음악이 임신한 어미 돼지들의 스트레스를 줄이고 안정을 취하는 데 도움을 준다는 이유에서였다. 그러나 음악이 돼지에게 미치는 긍정적 효과에 대해서는 지금까지도 논란이 많다. 최근 브라질에서 진행된 연구들을 살펴보면, 클래식 음악이 어미 돼지의 공격적인 성향을 줄이고 안정감을 높일 수 있다고 한다. 또한 관리자나 방문객이 들어오거나 갑자기 소음이 발생했을 때 어미 돼지가 놀라는 것을 방지할 수 있어서 번식 성적과 복지 수준을 향상시킬 수 있다고 주장한다. 반면 유럽에서는 복지와 생산 성적 면에서 임신 중인 어미 돼지에게 음악을 들려주는 것에 대해 효과를 기대할 수 없었다는 연구 결과들도 많다. 어찌 됐든, 돼지는 청각이 매우 발달한 동물이므로 음악을 들려주는 것이 나쁠 건 없겠다는 생각이 들었다.

그때, 누군가 임신사 문을 열었다. 갑자기 전투기 소음보다 더 큰 데시벨의 굉음이 들려왔다. 도대체 클래식 음악이 무슨 소용인지 반문할 여지도 없었다. 열린 문틈으로 임신사 안의 상황이 보였다. 어미 돼지들은 전부 자기 몸에 꼭 맞는 철제 케이지 안에 엎드려 있거나 누워 있었다. 우리의 방문에 놀란 건지 어미 돼지들은 일제히 일어서기 위해 케이지 안에서 격렬하게 몸부림쳤다. 굉음은 그들이 울부짖는 소리였다. 임신사 안으로 들어서자 굉음은 더욱 커졌다. 고막이 찢어질 것 같아 양손으로 귀를 막아야 할 정도였다. 이런 나와는 달리, 선배들은 전혀 새롭지 않다는 듯 무덤덤해 보였다. 아주 익숙하고 빠른 동작으로 바구니에 담긴 사료를 어미 돼지 앞에 있는 각각의 사료조에 들이부었다. 그러자 요란한 소리가 차차 줄어들었고, 마지막 사료조까지 가득 채워지자 임신사는 고요해졌다. 그제야 잔잔한 클래식 음악이 다시 들려오기 시작했다.

마침 내가 도착했을 때가 아침 사료 급여 시간이었다. 밤새 굶주린 어미 돼지들이 임신사에 들어온 우리를 보고 밥 달라며 일제히 울어젖힌 것이었다. 어미 돼지들은 사료조에 채워진 실험 사

» 임신사 스톨 사육. 임신한 어미 돼지들을 편리하게 관리할 수 있고, 돼지들의 먹이 경쟁이나 서열 싸움으로 인한 피해를 줄일 수 있어서 관행 농장에서 주로 사용하는 방식이다.

돼지 복지

료를 허겁지겁 먹어치웠다. 돼지의 체중에 따라 급여해야 하는 사료의 양이 조금씩 다른데, 일반적으로 250kg의 어미 돼지에게 약 2.5kg의 사료가 제공된다. 하루에 딱 한 번, 적은 양의 사료가 제공되다 보니 눈 깜짝할 사이에 사료조는 깨끗이 비워졌다. 어떤 돼지들은 여전히 배가 고픈 듯 코를 처박고 빈 사료조를 계속 핥아댔다. 어쩔 수 없는 노릇이었다. 일반적인 양돈 농장에서는 임신돈의 체형을 유지하고 분만 성적을 높이기 위해 사료를 제한적으로 먹인다. 이들은 움직임이 불가능한 철제 케이지 안에서 사육되는데, 이때 사료를 원하는 만큼 먹고 살이 찌면 자궁내막에 착상된 태아들이 제대로 성장하지 못하고 다음 산차(동일 개체의 과거 분만 횟수) 번식 성적에도 악영향을 미치기 때문이다. 따라서 현대식 사양 관리에서는 생산성을 높이고자 어미 돼지의 하루 사료 급여량을 제한하고 있고, 이를 오전과 오후 두 번에 나눠서 급여하거나 혹은 한 번에 급여한다.

사료를 먹고 난 후 어미 돼지들은 다시 좁은 케이지 안에서 다리를 오므려 엎드리거나 앉은 자세를 취했다. 옆으로 누워 다리를 뻗으면 옆에 있는 다른 돼지에게 닿을 정도로 케이지는 좁았다. 이처럼 임신한 돼지를 케이지 안에 가둬 사육하는 방식을 '스톨 gestation stall 사육'이라고 한다. 농장주 입장에서는 사육 공간을 줄일 수 있고 생산비와 노동력도 절감할 수 있는 이점이 있다. 그러나 돼지의 입장에서 보면 일어서기, 앉기, 엎드리기, 옆으로 눕기 같은 최소한의 움직임만 허용되는 비좁은 케이지는 고통스러운 환경일

뿐이다. 현재 우리나라에서 이러한 임신돈 스톨 사육은 2020년부터 금지되었다. 기존에 스톨 사육 방식을 이용하던 농장도 10년의 유예 기간이 끝나는 2029년까지만 허용된다.

» 본래 돼지는 앉는 자세를 취하는 동물이 아닌데 스톨 안에서 임신돈은 대부분 눕거나 앉아 있다.

# 힘없는 어미와
# 겁먹은 새끼 돼지들

임신사를 뒤로하고 어미 돼지가 새끼를 낳고 젖을 먹이는 분만 사로 향했다. 분만사는 여러 개의 방으로 구분되어 있고, 한 방에는 사람 무릎 높이의 펜스로 구분된 분만펜farrowing pen 30개가 있었다. 각 펜마다 어미 돼지 한 마리가 자신의 새끼 10여 마리와 함께 생활하고 있었다.

분만사의 어미 돼지들은 임신사의 돼지들과 달리 사람의 기척에도 아랑곳하지 않고 옆으로 누운 자세 그대로 움직이지 않았다. 그도 그럴 것이 이곳의 어미 돼지들 역시 각 펜 중앙에 설치된 분만틀farrowing crate이라고 하는 케이지 안에서만 생활할 수 있었다. 임신사의 스톨과 마찬가지로 어미 돼지들은 일어서기, 앉기, 눕기 자세만 취할 수 있었다. 분만틀의 원래 목적은 새끼의 깔림 사고 방지와 효율적인 공간 사용, 어미 돼지 관리의 용이성이며 같은 이유로 분만틀은 우리나라뿐만 아니라 전 세계적으로 널리 사용되는 사육 시설이다.

어미 돼지들은 분만틀 안에서 양쪽 젖꼭지를 모두 드러내 놓고 맥없이 누워 있었다. 그런 어미와는 달리 새끼 돼지들은 꽤 활기차 보였다. 분만틀에 갇혀 옆으로 누운 어미 돼지의 젖을 코로 신나게 문지르다가 빨기도 하고, 젖이 잘 안 나오는지 이내 다른 젖꼭지로 옮겨 가기도 했다. 새끼 돼지들이 보온등 아래에서 서로 몸을 포개

» 분만사 각 펜 중앙에 설치된 분만틀. 어미 돼지는 이곳에서 새끼를 낳고 약 4주간 젖을 먹인다.

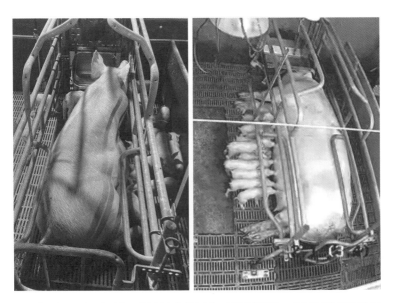

» 분만틀 사육. 분만틀은 사육 공간을 줄여서 생산비와 노동력을 절감하고, 새끼 돼지의 깔림 사고를
방지하기 위한 목적으로 현대 양돈업에서 널리 이용되고 있다.

어 평화롭게 자고 있는 모습도 보였다. 농장에 발을 들인 후 본 그나마 흐뭇하고 귀여운 모습이었다. 그런데 엉덩이를 씰룩거리며 다니는 새끼 돼지들의 다리 사이로 시뻘건 핏자국이 보였다. 실습생을 인솔하는 선배에게 물으니 방금 거세를 마친 새끼 수퇘지라고 했다. 자세히 들여다보니 꼬리가 잘린 자국도 보였다. 돼지의 거세와 꼬리 자르기에 관해 뒤에서 자세히 설명하겠지만, 관행 농가에서는 새끼 돼지가 생후 2~3일이 되었을 때 거세와 꼬리 자르기를 한다. 분만사에서 이런 돼지들이 보이는 이유다.

분만사에서 나와 젖을 뗀 새끼 돼지들이 모여 있는 이유자돈사로 향했다. 우리가 문을 열고 들어서자 무리 속에서 한 마리가 '크렁' 소리를 내질렀다. 그곳에 있던 200여 마리의 돼지들은 얼음땡 놀이를 하듯 선 채로 꼼짝도 하지 않았다. 마치 시간이 멈춘 듯 고요한 정적이 잠시 흘렀다.

아무 일도 아니라는 걸 확인했는지 새끼 돼지들은 다시 움직이기 시작했다. 일부는 사료조에 얼굴을 파묻고 꿀꿀 소리를 내었고, 또 다른 일부는 벽에 기대거나 서로 몸을 포갠 채 엎드려 있었다. 누워 있는 돼지들 옆에는 서로 싸우듯이 장난치는 한 무리의 새끼 돼지들도 보였다. 임신사와 분만사에서 스톨에 갇혀 별 움직임 없이 누워만 있는 어미 돼지들과는 달리, 이유자돈사의 어린 돼지들은 훨씬 자유롭게 활동하는 듯했다.

하지만 이들은 사람의 인기척에 무척이나 예민하게 반응했다. 다음 돈사로 가기 위해 우리가 가운데 통로를 지나가자 돼지들은 사

» 이유자돈사의 내부. 새끼들은 태어나서 약 4주 동안 어미젖을 먹고, 이후 이유자돈사로 옮겨져 새로운 그룹을 형성한다.

람에게서 최대한 멀어져야 한다는 듯 일제히 벽 쪽으로 우르르 달아났다. 마치 바닷물이 갈라지듯 말이다. 우리가 통로를 다 지나가니 그제야 새끼 돼지들은 펜 안 여기저기를 자유롭게 돌아다녔다.

## 분뇨로 뒤덮인
## 어두컴컴한 비육사

이유자돈사를 지나 바로 옆 건물에 있는 비육사로 건너갔다. 비육사는 출하 전까지 돼지를 살찌워 키우는 곳이다. 입구의 문을 열자 어두컴컴한 실내가 눈에 들어왔다. 순간 본능적으로 숨을 '흡' 하고 참았다. 지금까지 견뎌온 악취와는 비교 불가한 수준의 지독한 악취와 먼지가 한꺼번에 우리를 덮쳐왔다. 참았던 숨이 한계에 이르자 어쩔 수 없이 숨을 뱉어냈는데, 다시 들이켤 수가 없었다.

» 어둡고 악취로 가득했던 비육사 내부. 이곳에서 30kg의 돼지를 110~120kg이 되어 출하할 때까지 키운다.

도저히 그 악취를 참아내고 공기를 삼킬 용기가 나지 않았다. 코끝이 아리고 눈이 매웠다. 실습생 중 누구도 먼저 안으로 들어서려고 하지 않았다.

하지만 인솔자는 우격다짐으로 우리를 밀어붙였다. 어쩔 수 없이 떠밀려 건물 한가운데까지 들어가게 되었다. 최대한 빨리 이곳을 벗어나는 수밖에 없다는 생각으로 발길을 옮겼다. 희망과는 달리 우리는 그곳에서 가장 오랜 시간을 머물러야 했다. 비육사에서 사양실험이 진행 중이라 돼지들의 체중을 측정하고 혈액 샘플을 채취해야 했기 때문이다. 자포자기한 심정으로 실험 샘플링을 하는 선배들을 거들었다. 잠시 시간이 지나자 숨쉬기를 거부하던 코가 어느새 마비됐는지 조금씩 숨이 쉬어졌다. 처음만큼 고통스럽지는 않았다. 따가운 눈도 몇 번 깜박거리니 시야가 확보되면서 주변이 보이기 시작했다.

다시 보니 이곳은 창문이 없었다. 천장에 형광등이 있었지만 먼지가 수북이 쌓이고 파리똥에 뒤덮여 있어 제 기능을 하지 못하고 있었다. 그나마 환풍기 사이로 들어오는 빛줄기 덕분에 내부를 겨우 살펴보았다. 콘크리트로 된 바닥은 절반이 막혀 있고, 절반은 줄무늬 형태로 틈이 있었다. 이처럼 바닥에 틈을 내어 분뇨가 밑으로 떨어지도록 설계한 구조를 '슬랫 바닥slatted floor 구조'라고 한다. 그러나 막힌 쪽 바닥이 분뇨로 뒤덮여 있는 펜이 많이 보였다. 제한된 공간에 너무 많은 돼지를 키우다 보니 쉬는 공간과 배설하는 공간이 전혀 구분되지 않는 것이다. 돼지는 원래 잠자리와 배설 공간을 구분하는 영특한 본능을 가지고 있는데 여기서는 소용이 없어 보였다.

보통 100kg의 비육돈 한 마리가 하루에 먹는 사료량은 약 2.7kg인데, 배설하는 분의 양은 약 2kg, 오줌은 약 3kg 정도 된다. 이렇게 배설된 분뇨가 밑으로 빠지지 않고 바닥에 남아 있다 보니 돼지들의 몸은 온통 분뇨로 뒤범벅되어 있었다. 코와 눈을 마비시키는 지독한 악취의 발원지가 바로 그곳이었다. 과연 이런 환경에서 돼지가 건강하게 자랄 수 있을까? 돼지들의 기침 소리가 여기저기서 들려왔다. 목에서 나오는 얕은 기침이 아니라 호흡기 깊숙한 곳에서 나오는 기침 같았다.

활력이라고는 생길 수 없는 최악의 환경이었다. 그래서인지

» 슬랫 바닥 구조. 바닥에 틈을 내어 배설한 분뇨를 밑으로 떨어뜨려 모아둔다.

비육사의 돼지들은 스톨에 갇혀 있지 않은데도 무기력하게 누워 있는 경우가 많았다. 우리 일행이 실험을 위해 펜 안으로 들어가도 마지못해 사람을 피해 반대 방향으로 느릿느릿 이동할 뿐 재빨리 도망가지 않았다. 그 와중에 일부는 사람을 쫓아다니며 장화와 작업복을 코로 툭툭 치거나 입으로 잡아당기는 호기심 행동을 보이기도 했다. 우리는 체중계에 돼지들을 한 마리씩 올려놓고 무게를 쟀다. 별다른 저항 없이 순순히 체중계로 이동하는 돼지들이 신기했다. 마치 실험 수행자의 의도를 잘 파악하고 있는 듯했다. 덕분에 일은 쉽게 끝났지만 마음은 편하지 않았다. 지독한 악취 때문에 눈과 코가 마비될 정도이고 머리까지 지끈지끈 아파오는 이런 곳에서 몇 달씩 갇혀 사는 돼지들은 어떤 마음으로 견뎌내고 있을까.

# 동물복지 연구를
## 시작하다

　이게 돼지와 나의 첫 만남이었다. 이 일을 계기로 돼지로 박사학위를 받고 교수가 되어 학생들을 가르치며 연구한다고 말하기에 그리 낭만적인 스토리는 아니다. 하지만 그 만남은 내가 무엇이 되고 싶고 무엇을 하고 싶은지 깨닫게 한 꽤 강렬한 사건이었다.

　사방이 막혀 있어 햇빛 한 줄기 제대로 들어오지 않는 어두컴컴한 돈사, 비좁은 철제 스톨에 갇혀 자유롭게 몸을 움직일 수 없는 임신돈들, 파리 떼에 뒤덮여 무기력하게 누워 있는 어미 돼지들, 눈과 코를 마비시킬 정도의 지독한 악취가 진동하는 돈사에서 온몸이 분뇨로 덕지덕지 얼룩진 채 누워 있는 돼지들.

　아마 이 경험이 없었다면 지금의 나는 다른 동기들처럼 사료 회사에 취직해 돼지들을 빠르게 살찌우는 사료를 배합하고 있거나, 농장주들에게 내가 판매하는 사료가 돼지를 키우는 데 얼마나 효과적인지 홍보하는 영업 사원이 되었을지도 모른다. 하지만 나는 내 입으로 들어가는 식품이 어떻게 만들어지는지 이미 두 눈으로 직접 확인해 버렸다. 인간에게 먹거리로 제공하기 위해 사육되는 돼지들이라 하더라도, 과연 이런 방식으로 키우는 것이 괜찮을까 하는 강한 의문이 들었다.

당시 무농약, 유기농, 친환경으로 재배되는 채소와 과일을 찾는 소비자들에게 '건강한 먹거리가 건강한 몸을 만든다'는 인식이 이미 널리 퍼져 있었다. 반면에 이들은 축산물에 대해서는 무관심했다. 건강한 먹거리를 찾는 소비자라면 마트에 진열된 돼지고기를 구입할 때도 당연히 원산지, 신선도, 친환경, 무항생제 등 최소한의 항목은 따져보고 구입해야 한다. 하지만 현실은 그렇지 않았다. 아마도 살아 움직이는 생명체가 어떻게 키워지는지 그 진실을 알게 된다면 다른 식재료를 구입할 때와 달리 불편한 감정을 마주해야 하기에 더욱 쉽게 외면한 것이 아닐까.

여러 가지 생각과 질문이 머릿속을 떠나지 않았다. 그에 대한 내 나름의 답을 찾고 싶어서 나는 취업 대신 대학원에 진학해 공부를 계속하기로 결정했다. '친환경 축산'이라는 큰 퍼즐 조각 하나만 가지고 무작정 석사를 시작했다. 전공은 단위동물 영양생화학. 세부 전공은 돼지의 영양과 사양 관리였다. 그 당시 축산업계는 전 세계적으로 사료에 첨가하는 항생제를 금지하는 규제들이 강화되고 있었고, 이에 대비하기 위한 연구들이 주목받고 있었다. 나 역시 그런 세계적인 축산 트렌드에 발맞춰 항생제를 대신해 이유자돈(어미에게서 젖을 막 떼고 격리되어 다른 돼지들과 합사하게 되는 자돈) 사료에 첨가할 수 있는 소재를 연구했다. 식물 추출물, 유기산 제제, 프락토올리고당과 같은 소재를 이유자돈 사료에 첨가해 그 효능을 검증하는 실험이 주였다.

하지만 아직도 무언가 부족했다. 전체 그림을 완성하기에 내가 가진 퍼즐 조각들이 너무나도 부족했다. 무언가 중요한 것을 잃어버린 느낌이 들었다. 그때 또 하나의 퍼즐 조각이 생각지도 못한 곳에서 나타났다.

## 변화하는 세계,
## 축산 패러다임 전환을 요구하다

2007년 석사 과정을 마칠 즈음 우리나라는 유럽연합과 한참 FTA 협상 중이었다. 축산 분야에서는 '동물복지'가 주요 쟁점으로 떠올랐다. 그때 유럽연합은 협상 테이블에서 동물복지가 보장되지 않은 우리나라의 축산물을 수입하기 곤란하다는 입장을 밝혔다. 당시 우리나라의 축산학계는 가축의 성장과 번식 등의 생산 능력을 향상시키기 위한 사료 원료와 첨가제를 개발하거나, 축산물의 공급 안정성 및 소비자 기호에 맞는 기능성 향상을 위한 기술을 개발하는 데 몰두해 있었다. 또한 축산 부산물을 재활용하는 방안을 모색하는 등 가축이 아닌, 사람 중심으로 가축을 더욱 효율적으로 이용할 수 있는 기술을 개발하려 했다. 그래서 가축을 키우는 데 드는 비용을 줄이면서도 농장에서 생산해 내는 축산물의 양은 오히려 늘어날 수 있었다. 그러나 이러한 생산 시스템이 유럽에서는 환영받지 못했다. 동물의 복지 수준을 떨어뜨린다는 이유에서였다. 하지만 '동물복지'라는 개념조차도 생소한 우리나라에 관련 법률이나 정책이 제대로 있을 리가 만무했다. 우리 측 협상단은 난감할 수밖에 없었다.

이때 나는 '동물복지'라는 큰 퍼즐 조각을 발견했다. 내가 원하던 그림이 조금씩 맞춰지는 것 같았다. '동물복지' 사육 방식이라면 무엇보다 축산물 생산 환경에 근본적인 변화를 가져올 수 있겠다는 생각이 들었다.

모든 생명체는 고통을 싫어한다. 인간에게 식육용으로 사육되는 돼지 역시 말해 무엇 하겠는가. 어미 돼지의 스톨 사육, 새끼 수 돼지의 거세, 꼬리 자르기, 송곳니 자르기, 분뇨로 뒤범벅되어 숨조차 쉴 수 없는 지독한 악취가 진동하는 처참한 사육 환경. 동물이 본능대로 살 수 있는 최소한의 환경을 보장해 주는 것이 결국 동물과 인간이 건강하게 공생할 수 있는 방법이다. 사료 첨가물이나 약품 개발에만 의존하는 건 한계가 있다. 식육용으로 사육되는 가축들이 본성을 발휘하며 건강하게 자랄 수 있는 환경, 나아가 소비자가 먹거리를 구입할 때 어떤 것이 좋고 나쁜지, 무엇이 옳고 그른지 판단해 선택할 수 있는 환경을 만드는 동물복지를 깊이 공부하고 싶다는 생각에 빠져버렸다.

하지만 앞길이 막막했다. 당시 우리나라 일부 대학에서 동물복지를 소개하는 강의가 있기는 했지만 동물복지학을 전공한 전문가가 없었기 때문에 국내에서 박사 과정을 하는 것 자체가 불가능했다. 상황이 이렇다 보니 누군가에게 조언을 얻거나 추천을 받는 것 또한 기대할 수 없었다. 일단 동물복지 분야의 권위 있는 국제 학회에서 발표되는 연구 논문을 중심으로 최신 연구 동향부터 살펴보기 시작했다. 단연 돋보이는 사람은 핀란드 헬싱키대학교의 안나 발로스Anna Valros 교수였다. 당시 안나는 동물행동복지 분야에서 가장 영향력 있는 국제응용동물행동학회International Society for Applied Ethology의 부회장을 맡고 있었다. 안나는 주로 돼지의 행동 표현과 복지 수준의 관계를 입증하는 연구들을 발표했고, 유럽연합의 동물복지 정책 분야에서도 활발히 활동하고 있었다. 돼지와 동물복지를 공부하는 나에게는 최고의 지도 교수가 되어줄 것 같았다.

나는 무턱대고 이메일부터 보냈다. 나의 이력, 연락하게 된 배경, 앞으로의 연구 계획과 포부를 정성 들여 써 보냈다. 단번에 승낙을 받을 것이라고 기대하지는 않았다. 안나가 속한 동물복지학회, 국제 학회와 세미나, 국제 저널에도 동물복지를 연구하는 한국인이 없었으니 거절은 어느 정도 예상한 일이었다. 계속되는 안나의 거절에도 끈질기게 물고 늘어졌다. 나의 열의를 보증할 추천인도 필요했다. 그래서 캐나다에서 연구원으로 근무했을 때 알게 된 해럴드 곤유Harold Gonyou 교수에게 도움을 요청했다. 해럴드는 국제응용동물행동학회 명예의 전당에 오를 만큼 동물복지 연구에 많은 업적을 남겼다. 그가 은퇴만 앞두지 않았다면 그에게 지도 교수가 되어달라고 부탁했을 것이다. 내가 안나에게 연락했다고 하니 해

돼지 복지

럴드는 훌륭한 선택이라며 격려해 주었고, 기꺼이 나의 추천인이
되어주었다.

해럴드의 추천서를 가지고 다시 안나에게 연락했다. 며칠 공들
여 연구 계획을 작성해 보냈고, 이후 안나의 답변은 조금씩 긍정적
인 방향으로 향했다. 그렇게 총 26통의 이메일을 보내 문을 두드린
결과 마침내 안나를 지도 교수로 헬싱키대학교 수의과대학에서 동
물행동복지학 박사 과정을 시작할 수 있었다. 게다가 안나가 총책
임자를 맡고 있는 핀란드 동물복지연구소의 연구원으로 근무하게
되면서 해외 동물복지 연구 현황과 사육 시설 운영 방식을 가까이
에서 볼 수 있었다. 이 경험은 한국 상황에 부합하는 동물복지 축
산을 고민하고 제안하는 이 책을 집필하는 데도 단단한 밑거름이
되었다.

# 핀란드
## 동물복지연구소

2011년 1월 2일. 핀란드 직항 국적기를 타고 약 10시간의 비행 끝에 헬싱키 공항에 도착했다. 낯선 땅에 도착한 이방인의 눈에 비친 1월의 핀란드는 온통 눈으로 가득했다. 오후 2시밖에 되지 않은 시간인데도 이미 어둠이 짙게 깔려 있었다. 공항을 나와 발걸음을 재촉했지만, 발이 푹푹 빠질 만큼 쌓인 눈 때문에 걷는 게 쉽지 않았다. 캐리어는 바퀴가 네 개나 달려 있었지만 눈 속에서는 무용지물이었다. 양팔에 캐리어를 하나씩 걸고 경사진 오르막길을 따라 숙소를 찾아 헤맸다. 영하 20도의 추위에도 땀범벅이 되고 말았다.

동물복지를 공부하겠다고 했을 때 주변에서 말이 많았다. 우리나라에서 돼지로 석박사를 밟는 사람들은 대부분 사양과 환경을 연구하지, 동물복지는 아직 생소한 분야였기 때문이다. 내 선택에 회의적인 사람들은 우리나라 양돈이 유럽이나 북미 국가들을 따라가려면 돼지의 생산성을 높이는 연구를 해야지 동물복지가 무슨 쓰임새가 있겠냐며 우려와 의심을 쏟아냈다. 걸음을 옮기기 힘들 정도로 쌓인 눈을 보니 그들의 말이 핀란드까지 따라와서 나를 괴롭히는 것만 같았다. 뭐든지 헤쳐나가야 한다. 마음을 다잡고 눈길을 헤치며 걸어나갔다.

핀란드에 도착한 다음 날, 미리 프린트해 온 지도를 보며 핀란드 동물복지연구소를 찾아갔다. 안나와 현관 앞에서 오전 10시에 만나기로 약속이 되어 있었다. 숙소에서 2.5km 떨어진 거리라서 산책도 할 겸 걸었는데 어제 오후와 같은 풍경이었다. 오전 9시가 넘었는데도 어두웠고, 주위는 온통 눈으로 덮여 있어 적막함이 감돌았다. 안나와 수십 통의 메일을 주고받았지만 직접 대면하는 것은 처음이라 설렘과 긴장감이 복잡하게 얽혔다. 하지만 기대와 달리 나를 마중 나온 이는 라우라Laura Hanninen 교수였다. 안나가 둘째 아들이 아파서 오늘 재택근무를 하게 됐다면서 자신에게 나를 부탁했다고 했다.

라우라는 농장동물의 수면과 쉼 행동을 전문으로 연구하고 있었다. 농장동물이 편안히 잠을 자고 충분히 쉬고 있는지 뇌파 촬영과 행동 관찰을 통해 분석하고, 그러한 환경에서 성장과 번식에 필요한 호르몬들이 정상적으로 분비되어 건강 상태를 비롯한 복지 수준과 생산성이 향상된다는 것을 밝혀왔다. 이미 저명한 저널에 게재된 라우라의 논문들을 많이 봐온 터라 첫 만남이지만 낯설지 않았다.

라우라를 따라 연구실이 있는 2층으로 올라갔다. 가운데 복도를 따라 양쪽으로 칸칸이 연구실들이 자리했다. 핀란드 동물복지연구소는 헬싱키대학교 수의과대학에 소속되어 있고, 당시 약 20여 명의 멤버들로 구성되어 있었다. 그중 절반은 책임 연구원으로 교수와 박사 후 연구원이 있고, 박사 과정 연구원, 기술직 연구원, 저널리스트, 그리고 농림부에서 파견한 옴부즈맨이 있었다. 다양한 분야의 동물복지 전문가들이 한 공간에서 근무하면서 다학제multidisciplinary 연구를 할 수 있는 공간이었다. 그래서 연구 분야가 무척 다양했고, 특히 인지과학을 이용한 반려동물의 심리 파악이나 농장동물의 환경 개선을 바탕으로 한 복지 향상 연구들이 활발했다.

이곳의 책임 연구원들은 수의과대학에서 대학원생과 학부생 강의를 맡았고, 정책 기관, NGO 단체, 동물복지와 관련된 직업학교, 동물 보호소, 축산 관계 기관 등 다양한 곳에서 자신의 연구 분야를 바탕으로 지도하고 있었다. 그리고 두 명의 저널리스트는 연구원들이 발표한 학술 논문이나 진행 중인 프로젝트를 비전문가도 쉽게 이해할 수 있도록 설명해 일반인들에게 알리는 역할을 했다. 이런 활동으로 동물복지에 대한 핀란드 국민의 이해를 높이고, 연구 지원금을 마련하는 등 동물복지 향상의 선순환 구조를 만들어 내고 있었다.

내가 사용할 연구실은 통로 중간쯤에 있었다. 나의 연구실 메이트가 될 마리안나Marianna Norring가 반갑게 맞아주었다. 마리안나는 소와 닭의 행동복지 전문가로서 농장 관리자의 핸들링 방식이 농장동물의 복지에 미치는 영향을 주로 연구하고 있었다. 저널리

스트로 일하는 동료들과도 차례로 인사를 나눴다. 사뚜Satu Raussi와 띠이나Tiina kuppinen는 연구소에 처음부터 저널리스트로 고용된 것은 아니었다. 사뚜는 농장동물의 복지 수준을 과학적인 근거로 평가하기 위한 측정 항목을 개발하는 연구로 박사 학위를 받았고, 이후에도 많은 축산농장을 다니며 자신이 설계한 평가 기준표를 바탕으로 농장동물의 복지를 평가하고 그에 영향을 미치는 요인들을 분석하는 연구를 주로 했다. 연구 결과물은 유럽연합 동물복지과 주관으로 진행된 농장동물 복지 수준 평가 프로그램, 'Welfare Quality®' 개발을 위한 기초 자료로 활용됐다. Welfare Quality®의 동물복지 평가 항목들은 현재 우리나라 동물복지 축산농장 인증제도 평가 기준표에도 상당 부분 인용되고 있다. 또 한 명의 저널리스트 띠이나는 당시 박사 과정 중이었는데, 안나와 함께 유럽연합의 'FareWellDock' 프로젝트에 참여하면서 돼지의 꼬리 물기 행동 연구를 활발히 했다. 이들의 연구는 핀란드가 양돈 관리에서 꼬리 자르기를 금지하고도 꼬리 물기 피해가 거의 발생하지 않는데 크게 기여하고 있다.

마취제와 진통제를 전문으로 연구하는 오우띠Outi Vainio 교수도 만날 수 있었다. 오우띠는 동물의 통증을 완화시키는 마취제나 진통제 관련 연구로만 400여 편이 넘는 논문을 발표한 세계적인 동물복지 연구가였다. 반려동물, 실험동물, 농장동물, 레저동물(주로 말) 등 인간과 관계 맺고 있는 거의 모든 동물의 고통과 스트레스를 줄이기 위한 연구를 진행하고 있었다.

연구실에는 정부 공무원도 상주하고 있었다. 사아리<sup>Saari Salminen</sup>는 핀란드 동물복지 정책 결정에 관여하는 농림부 소속 공무원이었다. 연구소에 상주하면서 동물복지와 관련된 최신 연구 동향을 접하고 과학적 근거를 기반으로 이를 정책 결정에 반영했다. 또한 연구소에서 진행되는 프로젝트 중 농림부에서 지원하는 펀드가 많았기 때문에, 연구지원금 제공 기관으로서 진행 상황을 모니터링하는 옴부즈맨 역할도 했다.

동물복지 하면 사람들이 가장 흔히 떠올리는 반려동물의 복지를 연구하는 동료들과도 인사를 나눴다. 박사 후 연구원인 미이우<sup>Miiu Kujala</sup>, 산니<sup>Sanni Somppi</sup>와 헬레나<sup>Helena Hepola</sup>는 반려견의 심리를 파악하는 연구를 하고 있었다. 시선 추적 시스템을 개발하여 반려동물의 시선을 통해 주인과의 관계에서 겪는 감정을 파악하고, 이를 뇌 영상 촬영 장치를 통해 분석함으로써 반려견의 심리 상태를 파악하는 연구다. 당연히 연구소에서 가장 인기 많은 팀이기도 했다. 당시에도 상당히 혁신적인 연구 결과물을 발표하면서, 관련 논문이 세계적인 학술지인 사이언스지 등에 실렸고, 유럽뿐만 아니라 미국 미디어에서도 많은 관심을 보여 인터뷰 요청이 끊이지 않았다.

연구실에서는 테크니션의 역할도 중요한데, 헬싱키대학교 연구소에는 경력 15년 이상의 베테랑인 메르야와 따이나가 있었다. 연구소에서 시료 분석과 데이터 정리만 전문적으로 수행하는 테크니션들이다. 내가 연구소에서 10년간 지내면서 발표한 연구 결과물의 거의 모든 분석 데이터는 이들의 손에서 나왔다.

　연구실 사람들과 인사 후 점심 식사를 마치고 나서야 뒤늦게 출근한 안나를 만날 수 있었다. 그동안 많은 이메일을 주고받았고, 화상 면접을 통해 인사도 했지만 직접 만나는 건 처음이었다. 나는 안나의 실제 모습을 보고 놀랄 수밖에 없었다. 안나는 내가 생각했던 것보다 훨씬 젊어 보였고 에너지가 넘쳤다. 연구 업적과 활동, 종신 교수라는 직급을 감안했을 때 나는 안나가 적어도 50대 중반 넘은, 중후한 느낌의 교수일 거라고 짐작했다. 내가 안나의 나이를 알게 된 것은 그로부터 3년 뒤 함께 한국을 방문했을 때 초청 강사 이력서를 대신 전달하면서였다. 지금 와서 계산해 보니 그때 안나의 나이는 고작 30대 중반이었다. 안나는 헬싱키대학교에서 동물학을 전공했고 응용동물행동학과 동물복지학으로 박사 학위를 받았다. 이후 핀란드와 스웨덴에서 산란계, 육계, 양돈의 행동과 복지, 농장 관리자의 역할, 현장에서의 동물복지 평가 방식에 관한 연구를 주로 수행해 왔고, 2008년 헬싱키대학교 수의과대학에서 동물복지 종신 교수가 되었다. 그사이 두 아들이 태어났고 육아휴직으로 2년간의 공백도 있었지만 박사 학위를 받은 후 5년 만이었고, 당시 나이 34세였다. 지금에 와서 보니 안나가 이처럼 어린 나이에 핀란드 최고 대학, 최고 학과에서 종신 교수로 임용된 것은 당시 동물복지에 대한 핀란드 국민들의 관심 수준과 무관하지 않았을 것이란 생각이 든다.

　안나를 비롯한 연구소의 수많은 전문가와 함께 다양한 축종의 동물복지를 연구한다고 생각하니 주변의 우려와는 다르게 내 선택이 틀리지 않았음을 확신할 수 있었다. 당시 우리나라의 동물복지 연구 수준은 사료나 환경을 조금 변화시켜 가축의 스트레스 호르몬이 감소하는 경향을 보는 정도가 전부였다. 또 연구 내용이 미흡하다 보니, 유럽에서 제안한 동몰복지 관련 개념이나 정책을 국내에 그대로 적용할 수밖에 없는 현실이었다. 앞으로 할 일이 너무나도 많음을 실감했다. 단순히 돼지의 고통과 스트레스를 줄이는 것을 넘어 그들이 편안하고 건강하게 자랄 수 있게 다양한 동물복지 분야를 통합적으로 다루는 연구를 해보고 싶었다. 떠나올 때 많은 이들이 한국에서 동물복지는 시기상조라고 말했다. 하지만 유럽에 나와 보니 우리의 시기는 너무나도 뒤처져 있었다.

돼지 복지

2장

동물복지형 농장은
무엇이 다른가

# 핀란드 규따야 농장을
## 방문하다

    핀란드 돼지들을 처음 만난 것은 연구소에 도착하고 한 달쯤 지났을 때이다. 3월부터 실험 농장에서 샘플링을 시작하는데 그 전에 답사를 가보기로 했다. 헬싱키대학교 수의과대학 내에도 농장이 있었지만, 돼지는 20마리 정도에 불과했다. 그것도 기초 행동 연구나 수의학과 학부생의 실습을 위해 이용되고 있었다. 그 때문에 우리 연구소는 상업 농장을 임대해 실험에 활용했다. 특이한 점은 농장이 임대료를 요구하거나 실험에 이용하는 돼지나 사료에 대한 비용을 청구하지 않는다는 것이었다. 농장 관리자에게 연구 보조 업무를 맡기는 경우에나 고용한 시간만큼 인건비를 지급했지, 그 외에 핀란드 농장주들은 무상으로 연구에 협조했다. 아무래도 농가 입장에서는 실험에 협조하면 농장을 운영하는 데 자문을 구할 수도 있고 자신들이 키우는 돼지의 복지 향상에도 도움이 되니 적극적으로 참여하는 게 아닐까 싶었다.

내가 투입된 첫 실험은 분만사 안에서 어미 돼지가 행동을 풍부하게 표현할 수 있도록 환경을 개선하고, 그것이 어미 돼지의 모성 능력과 어떻게 연관되는지를 연구하는 것이었다. 본격적으로 실험을 진행하기에 앞서 농장을 답사해야 했다. 이 자리에 함께 연구를 진행할 키르시가 찾아왔다. 키르시는 지역 동물병원에서 수의사로 근무하면서 박사 과정을 파트타임으로 밟고 있는 학생이었다. 나보다 1년 먼저 학위 과정을 시작한 선배이자 양돈장에서 오랜 시간 동고동락한 동료이기도 했다. 키르시는 내가 도착하기 반년 전부터 이 실험 농장에서 진행할 실험을 계획하고 준비해 왔다. 나도 그 내용을 지난 한 달 동안 공부하며 함께 실험을 준비했다.

실험은 헬싱키에서 북쪽으로 약 60km 떨어진 규따야Kytaja라는 소규모 마을의 한 상업 농장에서 진행됐다. 어미 돼지 150두 규모의 번식과 비육을 함께 하는 일관 농장이었고, 돼지는 2,000여 마리쯤 됐다. 농장주는 피르요라는 이름을 가진 60대의 핀란드 아주머니였다. 50대로 보이는 여성과 20대 남성 직원까지 총 세 명이 농장을 관리하고 있었다.

두 명의 직원은 에스토니아 출신이었다. 우리나라 양돈장에 대부분 동남아에서 온 이주노동자들이 근무하고 있는 것처럼, 핀란드 양돈장에서 근무하는 직원들은 주로 러시아와 동유럽 국가 출신의 외국인이었다. 인건비가 비싼 나라에서는 자국민으로 농장 인력을 충원하기 어렵기 때문에 주로 외국인 노동자를 채용한다. 또한 자국민은 근로 환경, 노동 강도, 복지, 근무지 위치 등을 중요한 조건으로 고려하기 때문에 인건비를 더욱 높게 책정하더라도 양돈장 근무를 기피한다. 어쩔 수 없이 외국인 노동자를 고용할 수밖에 없는 현실이다. 농장주 피르요는 영어가 서툴렀고 나는 핀란드어를 전혀 하지 못했는데, 내가 실험 농장에서 3개월간 숙식하며 지내는 동안 우리 둘 사이의 소통은 영어와 핀란드어를 모두 유창하게 구사하는 두 에스토니아 직원들이 도와주었다.

## 돼지의 스트레스를
## 최소화한 샘플링

농장은 숲과 호수로 둘러싸인 핀란드 자연의 한가운데에 자리 잡고 있었다. 피르요의 남편은 양돈장 옆에서 말 농장을 관리했는데, 그 때문에 휴일에는 양돈장 주변이 승마를 즐기러 온 사람들로 가득했다. 사람들이 이렇게 드나드는 곳인데도 농장의 출입문은 활짝 열려 있었고 소독 시설이나 출입을 통제하는 표지판도 찾아볼 수 없었다. 농장 사무실까지 아무런 제재 없이 들어갈 수 있었다. 방문객의 출입을 통제하기 위해서 입구에 울타리와 철문을 설치해 놓은 한국의 양돈장과는 전혀 다른 모습이었다. 한국 같았다면 샤워를 하거나 최소한 방역복이라도 입어야 겨우 양돈장에 출입할 수 있었을 텐데 말이다. 피르요의 농장은 그런 방역에는 관심이 없는 듯했다. 이렇게 방역 관리에 둔감한 양돈장은 보통 두 가지 경우로 나뉜다. 농장에 드나드는 사람이 거의 없는 소규모 농장이거나, 돼지들이 전염성 질병에 피해를 입은 적이 없어 방역 시설의 필요성을 모르는 농장이다. 사무실 벽에 걸린 빽빽한 농장 관리 현황판을 보니 피르요의 농장은 첫 번째 경우는 아닌 것 같았다.

피르요는 사무실에서 커피와 쿠키를 미리 준비해 두고 우리를 기다리고 있었다. 내 소개가 끝나기 무섭게 피르요는 여러 이야기를 쏟아냈다. 자신은 65세가 되는 2년 후 은퇴할 계획이고 그 뒤에는 여행을 다니며 삶의 여유를 즐길 것이라고 했다. 피르요는 말하는 내내 미소가 끊이지 않는 사람이었다. 하지만 본격적으로 실험에 관한 이야기가 시작되자 그렇게 진지할 수가 없었다.

특히 실험 중 어미 돼지의 귀 혈관에 카테터catheter(체내에 삽입하여 혈액이나 소변 등을 뽑아내는 도관)를 삽입해 혈액 샘플을 채취하는 과정에 대해 설명하자 피르요는 심각한 표정을 지었다. 카테터를 삽입할 때는 어미 돼지를 고정하기 위해 밧줄로 코를 걸어서 묶은

» 규따야 농장 풍경. 양돈장(왼쪽)과 말 농장(오른쪽)

돼지 복지

다음 귀 혈관에 50cm 길이의 튜브를 삽입해야 한다. 기술이 숙련된 사람이라면 20분 이내로 마칠 수 있는 간단한 과정이었다. 하지만 피르요는 망설였다. 혈액 샘플을 얻기 위해 꼭 카테터를 삽입해야 하느냐고 물었다. 삽입할 때 돼지들을 묶어놓고 혈관으로 긴 튜브를 넣는 과정이 너무 고통스러울 것 같다는 걱정 때문이었다. 실험을 위해서는 어쩔 수 없었지만 나도 당시에는 피르요의 말처럼 돼지에게 스트레스가 되는 건 분명한 일이라는 생각이 들었다.

긴 대화 끝에서야 피르요를 설득할 수 있었다. 이때 피르요의 우려에서 아이디어를 얻어 5년 뒤에는 카테터 설치 과정이 돼지의 스트레스에 얼마나 영향을 미치는지 알아보는 실험을 진행하기도 했다. 피르요의 걱정과는 달리 카테터를 설치하는 20여 분의 시간 동안 돼지를 묶어놓고 혈관에 튜브를 삽입하는 것보다 샘플링 기간 동안 카테터를 고정하기 위해 돼지의 귀를 목덜미에 붙여 붕대로 감아놓는 것이 더 큰 스트레스 요인인 것으로 나타났다.| 실험에 동반되는 어쩔 수 없는 과정도 핀란드 농장주에게는 꽤 큰 걱정거리였고, 이러한 우려들이 나에게는 모두 검증해야 할 실험의 아이디어가 되었다. 핀란드에서는 이렇게 돼지를 직접 관리하는 농장주의 의견도 실험 과정에 적극적으로 반영되었다.

이후부터 나는 돼지의 생리적 변화를 검토할 때는 주로 타액 샘플을 이용한다. 특히 혈액 샘플을 통한 스트레스 호르몬 분석은 더이상 하지 않는다. 호르몬마다 차이는 있지만 보통 타액 내 스트레스 호르몬의 함량은 혈액 내 함유된 양보다 30% 정도로 적은 편

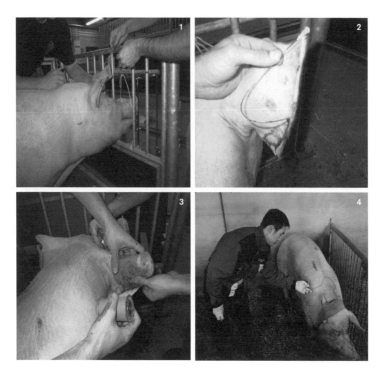

» 혈관 카테터 삽입술. 카테터를 통해 돼지의 스트레스를 최소화하여 혈액 샘플링을 할 수 있다.

이다. 그러나 이 정도로도 스트레스로 인한 생리적 변화를 분석하는 데는 충분하다. 다만, 샘플링 과정에서 타액이 이물질과 혼합되거나 수집된 타액량이 부족하면 결괏값에 영향을 줄 수 있으므로 주의해야 한다. 오차를 최소화하려면 침샘에서 분비되는 타액만 튜브에 수집해야 하는데, 이를 위해서는 잡식성인 돼지의 저작하는 성질을 잘 이용해야 한다. 그러면 돼지를 보정하지 않아도 누구나 쉽게 할 수 있다. 나는 현재 타액 샘플을 이용하여 생리적 스트

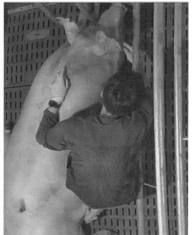

» 30kg 새끼 돼지(왼쪽)와 280kg 어미 돼지(오른쪽)의 타액 샘플링. 돼지에게 가만히 다가가서 타액 수집용 솜을 어금니 부분에 위치시킨다. 그 상태로 1여 분 동안 저작하도록 유도하여 침샘에서 분비되는 타액을 수집한다. 돼지를 보정할 필요가 없기 때문에, 샘플링 과정에서 야기되는 스트레스를 최소화할 수 있다.

레스 지표라 할 수 있는 코르티솔뿐만 아니라 산화스트레스oxidative stress 지표들도 분석하고 있고, 향후에는 번식에 관여하는 호르몬과 장내 미생물이 생성하는 대사물질까지 분석할 계획이다.

# 좋은 엄마를 만드는
## 개방형 분만사

피르요의 걱정을 잠재우기 위한 긴 대화가 끝나고 나서야 드디어 실험할 분만사를 둘러볼 수 있었다. 분만사는 한 개의 유닛에 6개의 방으로 나뉘어 있고 각 방마다 8개의 펜이 있었다. 분만틀을 열어둔 개방형 분만사open crate, loose housing였고, 바닥은 구멍 없이 막혀 있는 평사 구조였다. 콘크리트 바닥 위에는 지푸라기, 톱밥, 나뭇가지, 신문지 등이 깔려 있었다. 핀란드는 돼지가 둥지 짓기 행동을 할 수 있도록 도와주는 물질을 제공해야 한다고 법으로 정하고 있다. 그래서 분만사 바닥 전체를 틈이 있는 슬랫 구조로 만들지 않고, 어미 돼지가 사용하는 공간 일부분은 톱밥이나 지푸라기를 흩뿌릴 수 있도록 막아둔 것을 볼 수 있다. 이러한 바닥 구조를 반슬랫half-slatted floor이라고 한다.

처음 들어간 방에는 여덟 마리의 어미 돼지가 각자의 펜에서 분만 준비를 위해 옆으로 누워 있었다. 분만틀이 열려 있었기 때문에 돼지들이 누워 있는 방향은 제각각이었다. 분만틀에 어미 돼지를 가둬서 키울 경우 머리 부분을 사료통 방향으로만 향하게 한다. 이렇게 돼지를 한 방향으로 줄 세우면 몸 상태를 살피거나 관리할 때 훨씬 수월하기 때문이다. 나는 그동안 분만틀 감금 사육 환경만 봐왔기 때문에 이런 광경은 난생처음이었다. 그러니 개방형 분만사에서 자유롭게 움직이고 제각각의 방향으로 누워 있는 어미 돼지들을 보며 관리가 만만치 않겠다는 생각이 먼저 든 것도 어쩔 수 없는 일이었다.

어미 돼지들을 유심히 들여다보고 있는 내 옆으로 피르요가 다가왔다. 그러더니 손끝으로 서너 마리를 가리키며 곧 분만할 것 같다고 했다. 나는 그가 어미 돼지의 둥지 짓기 행동의 흔적을 보고 짚어본 거라 짐작했다. 그러던 찰나, 피르요가 지목한 돼지들이 누워 있는 방향이 눈에 들어왔다. 모두의 젖꼭지 방향이 태어날 새끼 돼지들의 쉘터<sup>shelter</sup>(새끼 돼지의 체온 유지와 깔림 사고 방지 목적의 공간)를 향하고 있었다. 피르요는 분만을 앞둔 어미 돼지는 새끼들이 지내게 될 공간인 쉘터를 바라보며 눕고, 그 상태로 분만하고 젖을 먹인다고 했다. 당시 나에게는 개방형 분만사만큼이나 뜬구름 같은 소리로 들렸는데, 이후 스코틀랜드 농업대학의 엠마<sup>Emma Baxter</sup>가 개방형 분만사에서 분만하는 어미 돼지들의 위치를 관찰한 연구를 보고 그때 피르요의 말이 맞았다는 것을 뒤늦게 깨달았다.

다음 그림은 당시 내가 보았던 규따야 농장의 개방형 분만사를 도식화한 것이다. 엠마의 연구에서 이용한 개방형 분만사와는 다

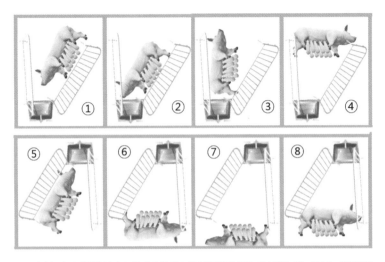

» 규따야 농장의 개방형 분만사. 한 개의 방에 8개의 분만펜이 있고, 펜스의 높이는 약 1.3m 정도이다.

르지만 공간 면적이나 분만틀, 새끼들의 쉘터 방향은 거의 유사하다. 연구는 어미 돼지가 첫 새끼를 낳을 때 누운 위치와 방향을 분석하고 있다. ①번 위치 56%, ②번 위치 18%, ③번 위치 14% 순으로, 약 88%의 어미 돼지는 자신의 젖꼭지가 새끼들의 쉘터와 가장 가까운 곳에 있도록 누운 상태에서 분만했다. 젖꼭지 방향은 반대이지만 어쨌든 쉘터와 등을 맞대고 있는 ⑤번 위치가 8%로 그다음으로 많았고, ④번, ⑥번, ⑦번처럼 쉘터와 떨어진 곳에 누워서 분만한 경우는 다 합쳐서 4%에 불과했다. ⑧번처럼 쉘터를 아예 등지고 누운 경우는 단 한 마리도 없었다.[2]

이는 어미 돼지의 모성 본능에서 비롯된 행동이라 할 수 있다.

어미 돼지는 본래 새끼를 낳을 때가 되면 본능적으로 둥지를 짓고 그 안에서 새끼를 낳고 젖을 먹이는데, 야생에서는 이러한 본능을 발휘해 새끼들을 추위와 천적으로부터 보호한다. 개방형 분만사에서는 쉘터가 그 둥지 역할을 대신한다. 그래서 어미 돼지는 분만이 임박하면 쉘터와 가장 가까운 곳에 누워서 분만을 준비한다. 곧 태어날 새끼들을 안전한 곳으로 피신시키고 젖을 잘 먹을 수 있도록 도와주기 위한 본능에서 나오는 행동이다.

피르요의 말을 듣고 분만사를 더 자세히 살펴보았다. 어미 돼지가 이미 둥지 짓기 행동을 보인 분만사도 보였다. 펜 가운데 자리는 콘크리트 바닥이 드러날 정도로 톱밥이 패여 있었고 지푸라기와 나뭇가지들은 펜의 가장자리로 옮겨져 있었다.

» 핀란드 규따야 농장의 개방형 분만사. 분만을 앞둔 어미 돼지가 둥지 짓기를 위해 제공된 지푸라기
와 나뭇가지로 둥지를 지은 후 엎드려서 쉬고 있다.

# 어미 돼지의 둥지 짓기 행동이
# 중요한 이유

일반적으로 둥지라고 하면 새들이 알과 부화한 새끼를 보호하기 위해 짓는 것으로 생각하지만, 앞서 말했듯이 돼지 역시 둥지를 짓는다. 일각에서는 현대식 생산 시설을 갖춘 농장의 경우 자동으로 분만사의 온도 조절이 가능하고 천적으로부터의 위협도 없기 때문에, 둥지의 기능이 필요하지 않아서 어미 돼지의 이러한 본능이 퇴화했을 것이라고 주장하기도 한다. 하지만 이는 둥지의 필요성이나 둥지를 지을 수 있는 환경과는 상관없이 나타나는 어미 돼지의 본능적인 행동이다. 실제로 분만틀에 갇힌 어미 돼지도 둥지 짓기가 불가능한 상황인데도 불구하고 분만 전에 둥지 짓기를 시도하기도 한다.

그런데 어미 돼지가 분만틀에 갇혀 이러한 본능적인 행동을 표현하는 데 제약을 받으면 새끼를 낳고 젖을 먹이는 과정에 부정적인 영향을 미칠 수 있다. 비좁은 공간에서 이러한 행동을 시도하다가 어깨와 다리 관절에 부상을 입을 수도 있다. 돼지의 본능적인 행동이 제대로 발휘되지 못하면 외적 부상 외에도 스트레스로 인해 체내 오피오이드opioids가 증가하면서 결국 내분비계에도 영향을 끼쳐 분만과 포유 능력을 떨어뜨린다.

또한 어미 돼지의 행동 제약은 갓 태어난 새끼 돼지에게도 위험 요소가 된다. 정상적인 둥지 짓기 행동은 주로 분만 6시간 전에 가장 활발하고 분만 2시간 전부터는 점차 줄어들다가 분만 직전에는 멈추는 것이 정상이다. 그런데 분만 전에 정상적인 둥지 짓기 행동이 발현되지 않으면 어미 돼지들은 분만이 시작된 뒤에도 이를 계속 시도하고, 분만 중 자세를 바꾸거나 일어서고 앉기를 반복하게 된다. 이는 먼저 태어난 새끼들이 어미의 몸에 깔려 죽는 압사 위험성 증가로 이어진다. 또한 분만 중 움직임의 증가는 새끼를 낳는 데 걸리는 전체 분만 시간을 지연시킨다. 이로 인해 어미 돼지의 산통은 더욱 가중되고, 새끼들은 자궁 안에서 질식사하거나 저산소증으로 약하게 태어나는 비율이 높아지기도 한다. 활력이 약한 새끼 돼지들은 압사할 위험도 높지만, 젖꼭지를 차지하기 위한 경쟁에서도 뒤처지기 때문에 초유를 제대로 섭취하지 못해 폐사를

» 분만틀 사육. 분만틀은 사육 공간을 줄이고 새끼 돼지들의 압사를 방지하기 위한 목적으로 우리나라를 비롯해 전 세계적으로 널리 이용되고 있다.

피하기 어렵다. 새끼 돼지들의 압사를 줄여 생산성을 높이기 위해 설치한 분만틀이 어미 돼지의 복지 수준을 떨어뜨리는 것뿐만 아니라 도리어 전체 새끼 폐사율을 높일 수 있는 것이다. 관행 농장에서는 이를 해소하기 위해 어미 돼지의 사육 환경을 개선하기보다는 대개 경제적이고 관리가 수월한 방법을 택한다. 그래서 어미 돼지의 분만과 포유 활동에 필요한 릴랙신relaxin, 옥시토신oxytocin 같은 호르몬 제제를 투약하는 방법이 널리 통용되고 있다.

그렇다고 규따야 농장처럼 개방형 분만사를 도입하는 것이 생각처럼 쉬운 일은 아니다. 물리적으로 분만틀을 개방하거나 없애는 것은 어렵지 않지만 무턱대고 어미 돼지에게 공간만 확보해 준다면 오히려 새끼 돼지들의 압사 위험이 높아지기 때문이다. 이를 극복하기 위해서는 어미 돼지에게 둥지 짓기 행동을 할 수 있는 충분한 물질을 함께 제공해 주어야 한다. 그런데 이것은 슬랫 바닥 구조의 돈사에서는 간단한 문제가 아니다. 제공한 물질들이 바닥 틈을 통해 밑으로 빠져버리고, 이것들이 분뇨와 함께 섞여 배수관을 막기 때문이다.

우리나라 양돈장의 경우 분과 뇨가 함께 혼합된 슬러리slurry 형태로 배설물을 수집한 후 이를 다시 액체와 고형질로 분리해서 액비나 퇴비로 처리한 후 배출한다. 그런데 이때 다른 이물질이 섞여 있으면 처리하는 데 상당한 어려움이 더해진다. 특히 슬러리를 미생물에 의한 발효 과정을 거쳐 다시 돈사로 흘려보내는 액비순환 시스템을 운영하는 농가에서는 이를 엄두조차 내기 어렵다. 이뿐만이 아니다. 개방형 분만사에서는 관리자 어깨높이 정도로 펜스를 높게 설치하여 돼지가 펜을 이탈하는 것을 방지하고 분만 전후에는 주변에 노출되는 것을 최소화해야 한다. 그런데 관리자의 편의를 위해 설계된 분만사에서 분만틀 구조에 맞춰 펜스를 높이는 것 또한 만만치 않다. 단순히 펜스만 교환하는 것이 아니라, 사료 급이기 및 공급 파이프, 음수 공급 장치, 환기 시설, 관리자 동선 등 많은 시설을 함께 조절해야 하기 때문이다. 그래서 기존의 시설을 개보수하는 것이 새로 짓는 것보다 더 큰 비용과 노력이 든다고 말할 정도이다.

## 새끼 돼지들이 자라기 좋은 환경

분만사에서 두 번째 방으로 들어서자 새끼들이 보였다. 태어난 지 이틀 내지는 사흘 정도 된 것 같았다. 새끼들이 젖을 빨기 위해 한창 어미 돼지의 젖을 열심히 문지르고 있었다. 모유는 새끼들에게 최고의 영양분 공급원이자 면역 물질 전달, 체온 유지, 소화기관 발달 등을 돕는 생존에 꼭 필요한 먹이다. 돼지의 유방에는 소나 사람처럼 젖을 보관할 수 있는 공간이 없어서, 젖은 유선에서 젖꼭지로 바로 분비된다. 그래서 새끼들이 충분한 젖을 먹으려면 어미의 유선을 열심히 자극해야 한다. 태어난 지 3일령쯤 됐으면 보통 2~3분 마사지를 해야 하는데, 실제 젖이 나오는 시간은 30~90초에 불과하다. 젖을 빨 때는 입안 양쪽 송곳니 사이로 젖꼭지가 일직선이 되도록 물어야 한다. 그러지 않고 사선으로 물면 잘 빨리지도 않고 젖꼭지가 날카로운 송곳니에 찢길 수도 있다.

그런데 분만틀에서는 새끼들의 압사를 방지하기 위한 구조물들이 젖꼭지를 일직선으로 무는 것을 방해하고, 심지어는 젖꼭지를 가리기도 한다. 새끼들이 젖을 잘 먹지 못하면 젖이 잘 나오는 젖꼭지를 서로 차지하기 위해 더욱 빈번하게 싸운다. 그 과정에서 어미 돼지의 젖꼭지와 유방에 상처를 입히기도 한다. 그래서 관행농장에서는 새끼 돼지들의 송곳니를 태어나자마자 잘라버린다. 반면 규따야 농장의 개방형 분만사는 그와 같은 방해물이 없기 때문에, 새끼들이 두 줄로 나란히 층을 이뤄서 젖을 마사지할 수 있고 젖꼭지를 차지하기도 훨씬 수월해 보였다. 젖이 잘 나오는 앞다리쪽의 젖꼭지에는 덩치가 큰 녀석들이 자리를 잡았고, 상대적으로

» 모유 섭취는 갓 태어난 새끼 돼지의 생존에 반드시 필요하다. 분만틀은 구조적으로 새끼들이 젖을 빠는 것을 방해할 수 있다(왼쪽). 반면에 개방형 분만사는 젖꼭지 주변의 공간이 충분히 확보되기 때문에 새끼들이 모유를 원활하게 섭취할 수 있다(오른쪽).

돼지 복지

작은 새끼들은 뒷다리 쪽에 포진해 있었다. 이미 서열대로 자리를 잡았는지 젖꼭지 경쟁을 위한 싸움은 보이지 않았다.

귀여운 새끼 돼지들이 정신없이 젖을 먹는 모습을 보다가 뒤늦게 녀석들이 흔들고 있는 꼬리가 눈에 들어왔다. 현대식 생산 시스템에서는 돼지들이 서로 꼬리를 무는 습성이 있어서 상처를 입지 않도록 보통 태어난 후 3일령 정도에 꼬리를 자른다. 그런데 이 농장의 새끼 돼지들은 아직 꼬리가 길게 늘어져 있었다. 관리자가 꼬리 자르기 시기를 놓친 것인가 싶어 피르요에게 물었다. 나름 갓 태어난 새끼 돼지들에게 행하는 거세, 꼬리 및 송곳니 자르기, 이각(개체 표시를 위해 귀 가장자리를 자르는 것), 철분 주사 등과 같은 생시 처치 관리에 대해 아는 척도 해보고 싶었다. 키르시는 내 질문을 피르요에게 통역하지 않고 직접 답했다. 핀란드는 2003년부터 새끼 돼지의 꼬리를 자르는 것이 불법으로 규정되어 있어서, 피르요의 농장뿐만 아니라 핀란드 어느 농장을 가도 돼지들이 꼬리 흔드는 모습을 볼 수 있다고 했다.

키르시는 분만펜 안으로 가만히 들어가더니 누워 있는 어미 돼지의 목덜미를 천천히 쓰다듬으며 몸 상태를 살폈다. 우리가 실험에 이용할 돼지라며 귀를 잡아당겨 카테터를 삽입할 위치를 보여줬다. 나는 넌지시 키르시에게 조심하라고 일렀다. 새끼를 낳은 지 며칠 되지 않은 돼지는 분만 과정의 스트레스와 새끼들을 보호하기 위한 본능으로 사람을 공격할 수도 있는 예민한 상태이기 때문이다. 키르시는 내 어설픈 충고를 비웃기라도 하는 듯 다시 어미의 턱과 코를 어루만졌다. 어미 돼지는 마치 주인의 손길을 즐기는 반려동물처럼 행동했다. 키르시는 웃으며 말했다.

"All sows are good mothers(모든 어미 돼지는 좋은 엄마야)."

사람을 보면 도망치던 한국의 돼지들이 떠올랐다. 보통 성인 몸무게보다 서너 배 무거운 어미 돼지들은 분만틀 안에 갇혀 있으면서도 인기척이 느껴지면 그 방향으로 머리를 돌려 으르렁거렸다. 그럴 때면 분만틀이 새끼들의 압사를 방지하기 위함보다 관리자의 안전을 위해 설치된 것이 아닌지 착각이 들 정도였다. 그에 비하면 확실히 이곳의 돼지들은 사람을 경계하지 않고 아주 친숙하게 받아들이고 있었다.

» 꼬리를 자르지 않은 핀란드 돼지들(왼쪽)과 꼬리가 잘린 한국 돼지들(오른쪽). 핀란드와 스웨덴을 제외하고는 거의 모든 나라에서 새끼 돼지의 꼬리를 자른다.

돼지 복지

# 동료와 교감하는
## 임신사 군사사육

분만사를 나와 긴 복도를 통과해서 임신사로 향했다. 문을 여는 순간 숲에 들어온 듯한 나무 냄새가 났다. 마치 편백나무 산림욕장에 들어온 기분이었다. 바닥을 보니 그 이유를 금방 알 수 있었다. 우드칩이 촘촘히 깔려 있었다. 우드칩은 목재 작업을 하고 남은 부산물인데 피르요가 이웃 목공소에서 가져온다고 했다. 보통 6개월에 한 번씩 우드칩을 새로 깔아주는데 마침 우리가 도착했을 때가 우드칩을 교환한 지 일주일밖에 되지 않았던 시점이어서 나무 향기가 유독 강하게 났던 것이다. 6개월 동안 분뇨로 뒤범벅된 우드칩은 농장 옆 공터에 쌓아두었다가 마르면 화목 보일러의 땔감으로 쓴다고 했다. 버려지는 부산물이 농장에서는 두세 번의 쓰임새를 더 갖게 되는 것이다.

임신사는 한 개의 펜에서 여러 마리가 그룹으로 생활하는 '군사사육group housing' 형태였다. 임신돈들끼리 산차가 비슷한 고정적static

그룹은 20여 마리씩 대규모 펜에서 사육하였고, 산차 차이가 많이 나는 다이내믹dynamic 그룹에서는 그 안에서 임신 기간과 산차가 비슷한 임신돈을 모아 4~5마리씩 소규모로 사육하고 있었다. 산차 차이가 많이 나는 그룹에서는 서열 정리를 위한 싸움이 보다 격렬하게 일어날 수 있어서 소규모로 구분한 것이다. 소규모 펜에는 약 3m 정도 길이의 긴 사료통이 있었고, 분뇨를 배설하는 곳과 누워서 쉴 수 있는 곳이 바닥 높이를 달리하여 구분되어 있었다.

대규모 펜에는 긴 사료통 대신 전자식 사료 급이기ESF: Electronic Sow Feeder가 있었다. ESF는 군사사육에서 개체별 영양소 요구량에 따라 사료를 정확하게 공급할 수 있도록 돕는 시스템이다. 어미 돼지의 귀에 장착된 전자태그 인식표RFID: Radio Frequency IDentification를 통해 중앙 컴퓨터에서 개체가 식별되면 급이기에서는 그날 할당된 양의 사료가 공급된다. 한 번에 한 마리만 사료를 먹을 수 있는데, 어미 돼지들은 한두 차례 훈련을 시키면 시스템을 금방 익힌다. 사료 급이 순서는 어미 돼지들의 서열에 따라 순차적으로 정해지는데, 그룹에 들어온 지 얼마 안 된 돼지는 보통 서열에서 뒤처지다가 시간이 지날수록 상위 서열의 어미 돼지들이 분만사로 빠져나가면서 서열 상승과 함께 사료 급이 순서가 점점 앞당겨진다.

임신돈 군사사육 형태는 캐나다 양돈장에서 이미 본 적이 있었지만, ESF는 처음 보는 시스템이었다. 당시 내 공동 지도 교수였던 클라우디오Claudio Oliviero가 민간기업의 펀드를 받아 실험을 진행하기 위해 설치한 것이라고 했다. 어미 돼지들은 사료 급이기 앞에

» 핀란드 규따야 농장의 군사사육 임신사. 임신 기간과 산차에 따라 소규모(왼쪽) 혹은 대규모(오른쪽)
로 사육하고 있다.

서 다투지 않고 순서를 기다렸다. 사료 급이기 옆으로 펜스가 설치
되어 있었는데, 어미 돼지들이 사료 급이기로 한 마리씩 들어갈 때
혼잡하지 않도록 길을 만드는 역할을 하고 있었다.

## 우리나라의
## 군사사육 양돈장

우리나라도 최근 임신돈 군사사육을 적용한 농장에서는 대부분
ESF, 숏스톨short stall, 자유 출입식 사료 급이 방식을 이용하고 있다.
숏스톨은 일반적으로 임신돈 사육에 사용되는 스톨을 어미 돼지의
머리부터 어깨까지만 남겨두는 방식이고, 자유 출입식은 스톨의
뒷부분에 문이 달려 있어서 어미 돼지가 자유롭게 드나들 수 있는
방식이다. 두 가지 방식 모두 중소규모 그룹에 적합하고, 어미 돼지
가 사료를 먹을 때 그룹 내 다른 돼지에게 방해받지 않도록 보호하

» 우리나라 군사사육 농장에서 활용하고 있는 숏스톨(왼쪽)과 자유 출입식(오른쪽) 사료 급이 방식. 사진 제공: 한돈혁신센터

는 목적이다. 이때 임신돈의 산차, 그룹 규모, 습성 등을 정확히 파악해서 적절한 사료 급이 방식을 선택하고 그에 적합한 관리 기술을 적용하는 것이 중요하다. 군사사육에서 이러한 것들이 제대로 적용되지 않으면 어미 돼지의 싸움과 사료 제한 급이로 인한 스트레스가 가중되어 어미 돼지의 복지를 오히려 저해할 수 있기 때문이다.

임신돈 군사사육은 이제 우리나라에서도 법적으로 의무화가 되었다. 이에 신규 허가를 받은 농장은 2020년부터, 기존 농장도 2029년까지 군사사육 형태로 전환해야 한다. 스톨에 가둬서 사육할 수 있는 기간은 교배 후 수정란과 태아의 안정을 보장하기 위해 6주 동안만 허용된다. 하지만 무작정 군사사육으로 전환하는 것은 어미 돼지의 관리나 농가의 경영 면에서 또 다른 부담이 될 수 있다. 나 역시 그동안 임신돈 스톨 사육에 더 익숙해져 있었고, 임신돈들이 군사로 사육되면 투쟁으로 인한 유산의 가능성이 커지고

» 군사사육을 적용한 우리나라 농장의 임신사. 교배 후 6주 동안 스톨에서 감금 사육 하고(왼쪽), 이후 에는 군사 방식(오른쪽)으로 사육한다.

임신 기간 영양소 요구량에 따른 사료 공급이 어렵다고 배웠다. 그러나 이곳에서 너무나 평온한 어미 돼지들을 보면서 제대로 된 관리 기술과 관리자에 대한 교육이 전제된다면 앞서 말한 문제를 크게 걱정할 필요가 없겠다는 생각을 처음으로 하게 되었다.

# 잠자리와 화장실이 구분된
## 육성·비육사

들어온 곳과 반대쪽으로 통한 문으로 임신사를 빠져나와 옆 건물로 향했다. 장소를 옮길 때마다 장화를 갈아 신지도 않았고 발판 소독 같은 기본적인 방역 조치도 역시 없었다. 우리가 향한 곳은 25kg의 돼지들이 들어와 110~120kg에 도달해 출하할 때까지 한 공간에서 사육되는 육성·비육사였다. 피르요는 나와 키르시에게 잠시 기다리라고 손짓하더니 창고에 들어가 빵이 담긴 봉지를 한 바구니 들고 왔다. 유통기한이 지난 빵을 인근 마트에서 얻어와 돼지들에게 먹인다고 했다.

빵이 영양 공급 면에서 배합 사료보다 좋은 먹이라고 할 수는 없다. 돼지에게 제공되는 배합 사료는 성장과 체중 증가에 필요한 영양소를 모두 충족해 돼지를 최대한 빨리 성장시키는 데 최적화된 먹이다. 피르요의 농장도 물론 배합 사료를 먹이고 있었지만, 돼지들이 좋아하는 빵을 사료와는 별개의 간식으로 주고 있었다. 마트에서 유통기한 지난 빵을 수거해서 가져다주는 것은 동네 고등학생이었다. 일주일에 두어 번 하굣길에 가져다준다고 했다. 피르요가 빵 바구니를 들고 육성·비육사에 들어서자, 돼지들이 양쪽 펜에서 복도 쪽으로 우르르 몰려들었다. 피르요가 펜 한가운데 빵을 던지자 돼지들은 다시 그쪽으로 우르르 몰려들면서 긴 꼬리를 이리저리 흔들며 빵을 차지하기 위해 분주하게 움직였다. 빵 쟁탈전에서 밀린 돼지들은 피르요가 움직이는 방향으로 따라다녔다. 마치 피르요가 두 번째 빵을 던져주리라는 것을 알고 있는 듯했다. 피르요는 익숙한 듯이 두 번째 빵을 펜 안으로 던졌고 기다리고 있던 돼지들은 빵을 잽싸게 낚아챘다. 그리고는 마치 돼지들이 빵을 좋아한다는 피르요의 말을 검증이라도 하려는 것처럼 다른 동료에게 뺏기지 않도록 머리를 돌리고 우적우적 맛있게 먹었다.

육성·비육사는 바닥이 막혀 있는 평사 구조였고, 가운데 펜스

» 핀란드 규따야 농장의 육성·비육사. 가운데 펜스로 쉬는 곳과 활동하는 곳을 구분하였고, 이때 펜스는 지푸라기가 분뇨 배설 자리로 흘러가는 것을 방지하는 역할도 한다(왼쪽). 육성돈들이 지푸라기 위에서 장난감 공을 가지고 놀고 있다(오른쪽).

를 중심으로 한쪽 면에만 지푸라기가 깔려 있었다. 펜스로 공간을 분리해 돼지들이 편안히 누워 쉴 수 있는 공간을 마련한 것이다. 펜에는 노란색 플라스틱 재질의 공이 있었는데 한 무리가 지푸라기 위에서 열심히 굴리는 모습도 보였다. 피르요는 돼지들이 공을 가지고 노는 것은 잠깐이고 대부분은 지푸라기 위에서 노는 것을 더 좋아한다고 말했다. 말이 끝나기가 무섭게 한 무리의 돼지들이 마치 경주를 하듯 지푸라기 위를 뛰어다녔다. 동료와 같은 방향으로 평행하게 달리는 것은 돼지가 가장 좋아하는 놀이 행동 중 하나이다. 또 지푸라기들이 뭉쳐 있는 벽 쪽으로 머리를 완전히 처박고 쉬고 있는 돼지들도 여럿 보였다.

## 깔짚 제공이 어려운
## 우리나라 양돈장

우리나라에서도 양돈 농장이 동물복지 인증을 받기 위해서는 돼지의 행동 욕구를 충족시킬 수 있는 보조물을 제공해야 하고, 벽이나 층으로 구분된 휴식 공간이 마련되어 있어야 한다. 또한 휴식 공간은 바닥에 틈이 있는 슬랫식이어서는 안 되고 짚, 왕겨, 톱밥 등의 깔짚이 충분히 깔려 있어야 한다. 유럽의 동물복지형 농장은 깔짚으로 주로 짚을 이용한다. 그리고 그것이 복지와 생산성에 미치는 긍정적인 효과는 이미 많은 연구를 통해 검증되었다. 하지만 우리나라 양돈장에서 짚류를 사용하기에는 어려움이 있다. 우리나

» 우리나라 동물복지 인증 양돈장의 비육사. 깔짚으로 왕겨나 그보다 값이 4배 비싼 보릿짚을 섞어서 제공해 주고 있다.

라에서 주로 생산되는 짚은 주식인 쌀을 수확하고 남은 볏짚인데, 볏짚은 유럽에서 주로 이용하는 밀짚이나 보릿짚과 달리 줄기가 날카로워서 돼지들이 도리어 거북함과 불편함을 느낄 수 있기 때문이다. 또한 볏짚은 배설물과 잘 섞이지 않아 부숙하는 데 시간이 오래 걸리고, 퇴비로 사용할 때 발생하는 악취 문제를 농가가 직접 해결해야 하는 어려움이 있다.

그래서 우리나라 동물복지형 양돈장은 깔짚으로 주로 왕겨나 톱밥을 활용하고 있다. 왕겨나 톱밥은 짚류보다 값이 저렴하다. 또한 건조 상태에서는 흡수력이 좋아서 돼지에게 더욱 쾌적하고 안락한 환경을 제공해 준다. 배설물과도 잘 섞여서 깔짚을 부숙하여 퇴비로 처리, 이용하기도 더 수월하다. 하지만 이러한 깔짚은 정기적으로 충분히 보충하지 않으면 오히려 역효과를 볼 수 있다. 특히 겨울철 우리나라 양돈장은 돈사 내부의 온도를 따뜻하게 유지하기 위해 환기량을 줄이는데, 이때 깔짚이 청결하고 건조하게 유지되어 있지 않으면 습도와 암모니아 농도가 높아져 돼지뿐만 아니라 돈사를 관리하는 직원들의 건강과 복지도 해칠 수 있다.

그래서 왕겨나 톱밥을 깔짚으로 이용하기 위해서는 정기적으로 깔짚을 교체하고 적정한 양을 보충해서 관리하는 것이 전제조건으로 깔려 있다. 당연히 농가에서는 비용과 관리 면에서 많은 부담이 된다. 나는 이러한 우리나라 양돈장의 안타까운 현실을 떠올리면서 푹신한 짚이 깔린 잠자리에서 편안히 쉬고 있는 피르요의 돼지들을 오랫동안 멍하니 바라봤다.

» 우리나라 일반 양돈장의 비육사. 휴식 공간에 편안함을 제공하기 위해 깔짚으로 톱밥 제공(왼쪽), 4주 후 상태(오른쪽). 깔짚이 청결하고 건조하게 관리되지 않으면 배설물과 섞여 돈방을 가득 채우게 되고, 오히려 돼지들은 편안히 쉴 공간을 잃게 된다.

돼지 복지

# 무엇보다 중요한
# 관리자의 자질

　　그렇게 하염없이 돼지들을 바라보고 있는데 키르시가 내 어깨를 툭 쳤다. 우리가 농장에 도착하기 전, 피르요가 다리 부상이 있는 돼지들을 치료하기 위해 항생제를 주사하려고 했었는데 우리가 그걸 도와주자고 했다. 나는 자신 있게 돼지 이동을 맡겠다고 했고, 피르요도 원한다면 그렇게 해도 좋다고 말했다. 그래서 나와 피르요, 키르시가 함께 펜 안으로 들어갔다. 내 상식으로는 관리자가 아닌 낯선 사람이 펜 안에 들어가면 돼지들은 벽으로 붙거나 다른 방향으로 도망가야 한다. 그러나 피르요의 돼지들은 처음부터 내가 움직이는 방향으로 몰려들었다. 이들에게 사람은 두려움, 공포의 대상이 아닌 듯 보였다.

　　피르요는 미리 페인트 래커로 표시해 놓은 돼지들을 가리키며 저 아이들에게 항생제 주사를 놓아야 한다고 말했다. 나는 돼지를 모는 데는 자신이 있어서 즉시 보드판을 찾았다. 보드판으로 돼지의 앞길을 막아선 다음 내가 원하는 방향으로 보드판의 각도를 틀어 몰아가야 수월하기 때문이다. 체중이 나보다 많이 나가는 비육돈을 몰 때는 기선 제압을 위해 보드판을 발로 차면서 다가가야 하고, 돼지가 보드판을 밀고 벗어나려고 하면 무릎으로 보드판을 지탱한 채 양손에 온 힘을 실어 막아야 한다. 보드판이 밀리면 상대를 만만하게 여겨 돼지의 저항이 더욱 세지기 때문이다. 이게 내가 석사 과정 2년 동안 한국의 돼지 농장에서 배운 방식이었다. 그런데 보드판이 보이지 않았다. 키르시를 통해 피르요에게 보드판이 어디 있는지 물었는데 여기서는 잘 쓰지 않아서 본인도 어디에 두었는지 기억이 나질 않는다고 했다. 그러더니 우리를 펜 안에 남겨둔 채 돈사 밖으로 나갔다.

잠시 뒤 피르요는 여러 마리 가축에게 주사할 수 있는 연속 주사기를 들고 오면서 항생제가 들어 있는 유리병을 가슴 주머니에서 꺼내 주사기에 장착했다. 겨드랑이와 팔꿈치 사이에는 깃발이 달린 긴 막대가 꽂혀 있었다. 피르요는 한 손에 주사액이 담긴 주사기를 들고 다른 한 손엔 깃발을 든 채 펜 안으로 들어오면서 우두커니 서 있던 우리에게 잠시 비켜보라는 신호를 보냈다. 그러더니 손에 든 깃발을 뻗어가며 목표 돼지를 한쪽 구석으로 유인했다. 돼지는 깃발의 끝부분을 등지고 천천히 걸었다. 피르요는 깃발의 방향을 틀어가며 돼지를 펜스와 그 옆에 서 있던 본인 사이로 유도하려는 듯 보였다. 그리고 얼마 지나지 않아 돼지는 피르요 바로 옆 좁은 공간을 통과하고 있었다. 그 순간 피르요가 들고 있던 주삿바늘이 겨냥한 돼지의 목덜미에 정확히 꽂혔다. 곧바로 주사기의 방아쇠가 당겨지면서 연결된 호스를 통해 주사액이 들어갔다. 돼지는 바늘에 찔린 순간 짧은 비명을 한 번 지르더니 곧 아무렇지 않다는 듯 무리 속으로 사라졌다. 60대 아주머니의 민첩한 행동에 놀람과 동시에, 그동안 내가 배웠던 핸들링 방법이 얼마나 무식했는지 깨닫는 순간이었다. 육성돈들은 행동이 재빨라서 보드판이나 천막을 이용하지 않고 이들을 모는 것은 상상조차 못 할 일이었다. 반면에 피르요는 한 손에 든 깃발과 자기 신체 움직임만으로 돼지들을 핸들링하고 있었다. 돼지 핸들링이라는 용어조차 몰랐으면서 돼지 몰기를 자신했던 내 꼴을 보며 참담한 심정을 금할 수 없었다.

현재 우리나라 동물보호법은 동물을 운송할 때 전기 몰이 도구를 사용하지 못하도록 규정하고 있다. 농장에 가서 농장주나 인부들에게 이런 이야기를 하면 "돼지 키워 봤어요?"라며 오히려 현실을 모르는 사람으로 취급하거나 면박을 주기도 한다. 그래서 요즘에는 전기 충격기나 몽둥이 대신 휘두르면 소리가 나는 몰이채가 나오기도 한다. 피르요의 모습을 떠올려 보면 돼지를 잘 다루는 것은 기술의 영역이 아니라 관리자가 어떤 태도를 가지느냐의 문제인 것 같다.

# 충분히 교감하고
# 면밀히 관찰하기

돼지는 천성적으로 사람을 두려워한다. 이 두려움은 당연히 돼지에게 스트레스를 유발한다. 따라서 관리자는 돼지의 두려움을 줄이기 위해 돼지와 늘 긍정적인 상호작용, 다시 말해 교감을 해야 한다. 돼지는 일반적인 선입견과 달리 매우 지능적이고 호기심이 많은 동물이다. 부드러운 핸들링과 차분한 말투는 돼지와 긍정적인 상호작용을 하는 데 도움이 된다. 반면 돼지를 거칠게 다루고 고함을 지르는 것은 돼지에게 공포감을 조성한다. 가축에게 차분한 말투를 쓰며 교감한다는 것이 진지하게 들리지 않을 수도 있겠지만, 실제로 돼지는 시각보다는 청각이 발달한 동물이다. 나는 실험 농장에서 지내는 3개월 동안 피르요를 따라다니면서 돼지와 교감하는 법과 돼지들이 내는 소리를 듣고 요구를 파악하는 법, 또 어떻게 돼지들을 관찰하고 다뤄야 하는지 등 많은 것을 배울 수 있었다. 피르요는 돼지가 이동하며 낯선 환경에 마주했을 때 관리자가 차분한 목소리로 자신의 존재를 알리고 그 목소리에 익숙해지도록 하는 것이 상당히 중요하다고 했다. 돼지를 일정한 방향으로 몰 때도, 사람의 속도가 아닌 돼지가 편안해하는 속도로 흐름을 맞춰야 한다. 또한 사람이 옆에서 격려하고 칭찬하는 행동도 돼지에게는 큰 영향을 미칠 수 있다고 했다.

더불어 관리자의 관찰이 일상적으로 행해지는 것 역시 중요하

돼지 복지

다. 예를 들어 돼지의 눈이나 코에서 분비물이 나온 것을 관찰할 수 있다면 질병을 의심할 수 있기 때문에 빠른 대처가 가능하다. 돼지의 평소 행동이나 호흡수 같은 생리적인 변화로도 동물의 상태를 짐작할 수 있다. 하지만 스웨덴의 돼지 복지 연구 전문가인 잉바르 에케스보Ingvar Ekesbo 교수의 연구에 따르면, 안타깝게도 집약적 농장에서 농장 관리자들은 관행적인 관리 방법에 익숙하다. 가축이 농장에서 자연스러운 행동을 하지 못하고 두려움과 고통을 느끼고 있어도 이를 쉽게 간과한다. 또한 동물이 자신의 필요나 욕구를 충족하지 못했을 때 특정한 반응을 보였는데도 관리자가 이를 알아차리지 못하고 정상 상태로 보는 경우도 있다. 관리자는 무엇이 가축의 정상적인 행동이고 어떤 행동이 비정상적인지 일상의 관찰과 사전 지식 습득을 통해 인지하고 대처할 수 있어야 한다.

» 핀란드 양돈장 관리자가 임신돈이 쉬는 모습을 관찰하고 있다.

그래야 그들이 필요로 하는 것을 빠르게 파악하고 제공할 수 있다.

규따야 농장은 우리나라 일반 양돈장 환경과 많은 차이가 있다. 가장 큰 차이를 느낀 부분은 규따야 농장이 갖추고 있는 동물복지형 시설이 아니라, 피르요가 보여준 좋은 관리자의 자질이었다. 동물에게 적정한 먹이와 깨끗한 물을 제공하는 것만으로 관리자의 일을 다 했다고 볼 수 없다. 동물의 욕구를 충족시키고 불편함을 해소해 주는 것은 현대 기술로도 얼마든지 가능하다. 관리자는 농장동물을 가장 가까이에서 대면하는 사람으로서 동물의 복지를 일차적으로 책임지는 사람이다. 그렇기 때문에 그들이야말로 동물복지에 있어 간과할 수 없는 강력한 영향력을 가진 존재이자, 그들의 자질 문제는 동물복지를 이야기하는 시작점이다.

**3장**

동물복지란
무엇인가

# 동물복지 축산의
## 시작

    2차 세계대전 이후 서구 사회의 소비가 급증하고 인구가 증가하면서 전 세계 육류 소비량 역시 꾸준히 증가했다. 사람들은 더 값싸고 위생적인 축산물을 요구하기 시작했고, 이때부터 농장은 생산성 향상과 수익 증대를 더욱 추구하는 산업 형태로 변화했다.

    농장이 기업 형태의 현대식 축산업 구조로 변화하면서 농장동물은 주거 환경이나 영양 공급 면에서 과거보다 훨씬 나은 조건에서 지내고 있는 것처럼 보인다. 실제로 현대식 생산 시스템에서 농장동물들은 온도, 습도, 환기 조절이 최적화된 시설에서 영양소가 골고루 배합된 사료를 먹으며 자란다. 또한 전염성 질병과 천적의 위협으로부터 더욱 안전하게 관리된다. 하지만 중요한 것은 이러한 시설과 기술이 농장동물의 삶에 긍정적으로 기여하기 위해 설계된 것이 아니라 생산성을 극대화하기 위한 목적으로 꾸준히 개발되고 발전해 왔다는 것이다.

이러한 생산 시스템에서 농장동물들의 행동, 습성, 감정 등은 고려되지 않는다. 병아리는 자기 부모를 만나지 못하고 같은 날 부화한 수천 마리의 병아리들과 함께 지낸다. 이들은 생물학적 부모뿐만 아니라 자기 자식들도 평생 볼 수 없다. 닭이 알을 낳으면 그 알은 '생물학적 자동화biologically smart' 시스템인 인공부화기로 들어가고, 부화기 내의 산소와 이산화탄소 농도를 단계별로 조절하여 부화 과정이 진행된다. 이때 산란계 품종의 수평아리는 알을 낳지 못하고 육계보다는 성장이 뒤처지기 때문에 태어나자마자 컨베이어 벨트를 타고 분쇄기로 이동 후 생을 마감한다. 분쇄된 사체는 '생산성'이 더 나은 동료들의 먹이로 이용된다. 살아남은 암평아리의 삶도 녹록지 않다. 그들은 CD 한 장 면적의 케이지에 갇혀 질병으로 폐사하거나 혹은 산란 능력이 떨어져 도태되기 전까지 알 낳기를 반복하며 살아간다.

돼지의 삶도 만만치 않게 치열하다. 앞서 살펴본 것처럼 어미돼지는 임신 기간 중에는 임신 스톨에, 분만 후 젖을 먹이는 기간

» 산란계 케이지 사육 환경

» 어미 돼지는 분만과 포유 기간 4주 동안 분만틀(왼쪽)에서 지낸다. 포유가 끝나면 다시 스톨에 감금
되고, 일주일 이내 인공수정으로 임신한다. 새끼 돼지는 4주령에 젖을 떼고 가족을 떠나 크기, 연령,
성별에 따라 나뉘어 낯선 돼지들과 함께 지낸다.

에는 분만틀에 갇혀 평생 일어서기, 앉기, 엎드리기, 눕기만 가능한
공간에서 출산과 젖 먹이기를 반복하다가 생을 마감한다. 새끼 돼
지는 태어나자마자 송곳니와 꼬리가 잘린다. 그중 수컷은 거세되
고 번식 능력이 있는 암컷은 표식을 위해 귀의 살점이 잘린다. 대
부분 이러한 시술은 마취 없이 진행된다. 이들은 태어난 지 4주가
되면 어미와 형제들로부터 강제 분리되고, 이후 성별과 크기에 따
라 분류된 그룹에서 낯선 돼지들과 함께 지낸다.

## 공장식 축산을 고발한
## 루스 해리슨

이러한 현대식 축산의 집약적 생산 시스템은 루스 해리슨Ruth
Harrison의 기록에 의해 세상에 알려지게 되었다. 그는 20세기 동물

복지에 가장 큰 공헌을 한 사람으로 꼽힌다. 루스 해리슨은 1964년에 출판된 저서 《동물 기계: 새로운 공장식 축산Animal Machines: The New Factory Farming Industry》을 통해 현대식 축산의 집약적 생산 시스템을 대중에게 알렸다. 이를 계기로 그는 영국뿐만 아니라 세계 여러 지역의 동물복지위원회, 동물보호단체, 정부 기관 등과 함께 활동하며 다양한 영역에서 지대한 영향을 미쳤다.

루스는 1920년 채식주의자인 부모님 밑에서 태어나 자신도 채식주의자로 성장했다. 1939년에 런던대학교에서 영문학을 전공하며 대학 생활을 시작했으나, 케임브리지에서 퀘이커Quaker 교리 공부에 더 많은 시간을 쏟으면서 양심conscience에 대한 신념을 키웠다. 2차 세계대전 중에 루스는 런던병원에서 야전 간호사로 일하게 되었고 독일로 이주해 전쟁 피난민과 폭격 지역에 사는 사람들을 도왔다. 전쟁이 끝나고 영국으로 돌아온 루스는 영국의 왕립극예술원Royal Academy of Dramatic Art에서 음성 제작 수업을 받았고, 졸업 후에는 건축 회사에서 일했다.

동물의 권리 보호와는 전혀 관련 없어 보이는 루스의 삶이 변하게 된 계기는 1961년 자신의 집 문 앞에 놓여 있던 한 장의 리플릿이었다. 그것은 동물권 단체 '동물을 잔인하게 대하는 것에 대한 반대 운동Crusade Against All Cruelty to Animals'이 발행한 것으로, 현대식 축산 시스템을 고발하고 있었다. 리플릿에는 케이지에서 사육되면서 평생 알 낳기만을 반복하는 닭들과, 1년에 한 번씩 새끼를 낳고 목줄에 묶여 지내면서 막대한 양의 젖을 짜내야 하는 젖소의 상황을 서

**WHAT YOU CAN DO**

✘ Refuse to buy forced white veal and broiler chickens and tell the shopkeeper why. Cut-price chickens can only be obtained by broiler methods.

✘ Do all you can to avoid buying battery eggs. Ask for FREE RANGE eggs or buy DANISH. Tell the shopkeeper you prefer British eggs but will not buy while they are produced by battery methods.

✘ Write to your Member of Parliament, House of Commons, London, S.W.1. protesting against the broiler and battery systems and ask him to take action on the matter. There are attempts to give the Minister of Agriculture, Fisheries and Food and the Secretary of State for Scotland power to make regulations concerning intensive methods of food production, i.e. the broiler calf and chicken industries, but this would allow the system to continue even if in modified form.

✘ We want an amendment to the PROTECTION OF ANIMALS ACT, 1911, to make these systems **illegal**. We appeal to you in the name of sanity to write to your M.P. asking him to support us in this.

✘ Ask your M.P. to agitate at once for all "broiler" chickens, forced white veal and battery eggs to be marked as such so that you, the public, can make the choice you are entitled as free individuals to make when buying your food.

✘ Write to the national and local papers about it and keep writing. Talk about it in your local societies and church organisations and when you go shopping.

✘ Join our national campaign against these evils as announced in THE DAILY MIRROR of December 8, 1960.

***Remember** . . "All that is necessary for the triumph of evil is that good men do nothing"* —*Burke.*

*Issued by*
**CRUSADE AGAINST ALL CRUELTY TO ANIMALS**
3, Woodfield Way, Bounds Green Rd., London, N.11.
*in co-operation with*
**CAPTIVE ANIMALS' PROTECTION SOCIETY**

Further copies of this leaflet can be obtained from the above address free of charge but DONATIONS to the campaign will be gratefully received. Cheques and postal orders should be made payable to HUMANE FARMING CAMPAIGN and crossed "& Co."

**Cheap food? YES!**
**BUT IS IT GOOD FOOD?**

"Farmer & Stockbreeder" photograph.

**"BROILER" CALVES — in prison for life!**
The Dutch method of rearing calves for veal has recently been introduced into this country and is being developed despite public protest.

**What it is**
Calves are reared in unnatural conditions, their movements deliberately restricted either in small pens or separate stalls and sometimes by tethering, in many cases deprived of light except at feeding times and even then given only artificial light, and fed on an unnatural diet including drugs. These methods are used to force quick growth and white meat. After lives of complete imprisonment the calves are slaughtered at the age of 12 weeks to give YOU CHEAP VEAL.

**A growing evil**
Similar intensified unnatural methods are now being extended to other animals. It is easy to see that unless public opinion calls a halt to this false progress NOW the day is very near when all our farm animals will be kept in factories tier upon tier.
We have proof of this in the frightening growth of the broiler chicken industry in this country. In 1960 the British public in their ignorance bought one hundred million broiler chickens. The industry confidently anticipates that the same public will purchase one hundred and thirty-five million chickens in 1961.

» 1961년 '동물을 잔인하게 대하는 것에 대한 반대 운동'이 집약적 생산 시스템에서 사육되는 농장동물의 현실을 대중에게 알리기 위해 발간한 리플릿[3]

술한 기사와 사진이 실려 있었다. 루스는 큰 충격을 받았다. 사실 루스는 채식주의자였기 때문에 육류를 섭취하지 않았음에도 불구하고, 그때부터 자신이 동물을 위해 무언가를 해야겠다는 책임감을 느끼게 되었다. 루스는 리플릿에서 다룬 내용이 사실인지 확인하고자 '공장식 축산'을 조사하기로 결정하고 실행에 옮겼다. 이렇게 조사된 내용을 엮은 것이 앞서 말한《동물 기계》이다. 루스는 여러 농장의 생산 시스템을 경험했고, 그중에서 좋은 농장과 나쁜 농장good ones and bad ones을 가려 구분하고 분석했다. 자신의 진술에 대한 과학적 근거를 확보하고, 이를 바탕으로 보다 객관적이고 정확한 정보를 전달하기 위함이었다.

　루스는 저서 《동물 기계》에서 축산업에 종사하는 많은 사람들이 동물을 단순히 생산성 향상과 수익을 높이기 위한 도구로 이용한다는 사실을 대중과 정부에게 호소했다. 또한 동물이 어떠한 희생을 치르더라도 현대식 축산 시스템은 오직 생산성 향상을 목표로만 노력하고 있다고 주장했다. 그러면서 자신이 취재한 거세, 꼬리 및 부리 자르기, 뿔 자르기, 항생제 사료, 케이지 사육, 스톨 사육 등과 같은 농장 관행들을 대중에게 공개했다.

## 동물복지학의
## 토대가 마련되다

　루스의 책에 대한 대중의 반응은 매우 강렬했다. 이는 현대식 축산의 생산 시스템에 대해 무지했던 대중에게는 큰 충격이었다. 그동안 이 사실을 모르고 육류를 소비했던 소비자들은 이러한 산업 형태가 인간을 위해 존재한다는 사실을 불편해하기 시작했다. 소비자들은 농장동물들이 케이지에 갇히거나 결박되어 빠른 성장을 위해 배합된 사료, 인공조명, 성장 촉진용 약품 등을 공급받으며 사육되는 현실에 대해 용납하기 어렵다는 반응을 보였다. 문명화된 현 사회에서 이러한 집약적 축산이 윤리적으로 용인될 수 있는 것인지 의문을 제기하기 시작하면서 농장동물의 권리와 복지에 대한 관심도 높아졌다.

영국에서는 정부의 대책 마련을 강력하게 촉구했다. 이에 영국 정부는 프랜시스 브람벨F. W. R. Brambell 교수를 위원장으로 하는 브람벨 위원회를 구성하여 실태 조사를 시작했다. 위원회에는 케임브리지대학교의 행동학자인 윌리엄 토프W. H. Thorpe 교수가 포함되었는데, 이는 동물을 이용하여 이익을 얻는 사람들의 관점이 아니라 전문가의 참여를 통해 동물의 관점에서 조사를 진행하겠다는 의미였다.

브람벨 위원회는 1965년에 농장동물을 위한 기본 윤리 및 생물학적 원칙을 요약한 보고서를 발표했다. 보고서는 루스가 직접 취재한 농장 관행의 실태를 확인하는 내용과, 개선을 위한 방침들이 포함됐다. 당시 루스는 보고서를 통해 동물 행동에 대한 연구가 동물복지 평가의 중요한 요소임을 깨닫게 되었다. 이것은 그 당시로서는 새로운 학문 분야였던 동물복지학의 토대가 마련되는 계기였다.

1966년, 영국 농무부는 독립 기관인 농장동물 복지 자문 위원회Farm Animal Welfare Advisory Committee를 설립해서 동물복지와 관련된 업무를 정부 차원에서 본격적으로 관여하고자 했다. 이 기관이 바로 현재 농장동물의 복지에 가장 큰 영향력을 끼치고 있는 '농장동물복지위원회FAWC: Farm Animal Welfare Council'이다. 루스도 이곳의 멤버로 참여하여 70세까지 농장동물 복지와 관련된 연구, 법령 제정 등 많은 활동을 이어나갔다.

# 현대 사회에서
## 동물복지의 의미

　동물복지에 대한 관심은 집약적 축산의 부작용으로 부각되는 가축 전염성 질병 확산, 축산물에 유해 물질 잔류, 항생제 내성균 확산 등이 이슈화되면서 위생적인 축산물을 요구하는 소비자들을 중심으로 더욱 커지게 되었다. 안전한 축산물을 얻는 것과 동물복지가 어떤 연관이 있는 것일까?

　동물의 본능적인 행동이나 습성을 억압한 생산 시스템은 동물의 대사 작용을 교란하고 면역 체계를 손상해 동물을 질병으로부터 취약하게 만든다. 더욱이 현대식 축산에서 농장동물들은 생산성 극대화를 위한 품종만이 선택되고 개량되면서, 바이러스나 박테리아 같은 병원체에 저항할 수 있는 강건성이 떨어진다. 이런 상황에서 가축을 이용해 이윤을 추구해야 하는 생산자는 가축의 질병 치료 및 예방을 위해 값싸고 효율적인 방법을 찾아야만 한다. 축산농장에서 항생물질이 포함된 동물약품이나 합성 첨가제 사용에 더욱 의존할 수밖에 없는 까닭이 바로 여기에 있다. 결국 이러한 과정이 동물뿐만 아니라 사람의 건강까지 위협하는 결과를 초래했다. 이 같은 산업 구조에서 동물복지는 반복되는 악순환의 고리를 끊을 수 있는 대안으로 자리매김하게 되었다. 동물의 생명을 존중하고 삶의 질을 향상하기 위한 노력이 곧 우리의 식탁을 보호해 주는 것이다.

세계동물보건기구WOAH: World Organization for Animal Health는 동물복지를 "동물이 건강하고 편안한 상태에 있으며, 양호한 영양 상태 및 안전한 환경에서 본성을 나타낼 수 있고, 고통, 두려움, 괴롭힘 등의 부정적인 심리적 상태에 있지 않은 것"이라고 정의하였다. 간단히 말해, '현재 동물이 경험하고 있는 그들의 상태'로 동물복지를 논한다. 사람이 자신의 상황에 만족하면 행복 지수가 높아지고 불만족스럽다면 행복 지수가 낮아지듯이, 동물이 처한 현재 상태가 긍정적으로 받아들여진다면 동물의 복지 수준이 높은 것이고, 부정적이라면 복지가 나쁜 것이다. 즉 동물복지를 보장한다는 것은 적절한 거처, 관리, 영양, 질병 예방 및 치료부터 책임감 있는 돌봄, 인도적인 핸들링, 필요 시 인도적 안락사까지 동물에게 신체적, 육체적으로 필요한 것을 인간이 책임감을 가지고 제공하는 것이다.

# 스트레스를 없애고
# 유쾌한 경험을 제공

동물복지를 정의하는 것보다 더 중요한 것은 어떻게 동물의 복지 수준을 평가할 것인지 그 기준과 내용을 마련하는 일이다. 사람의 행복 지수를 평가할 때는 소득 수준, 경제적 안정, 기대수명, 사회적 지지, 공동체에서의 소속감 등 다양한 항목이 고려된다. 이를 바탕으로 UN에서는 매년 세계행복보고서를 발표해 각 나라의 행복 지수를 순위로 매긴다. 동물의 복지 수준을 평가할 때도 마찬가지의 기준이 있다.

유럽에서 동물복지가 주목받던 초창기에는 주로 집약적 생산 시설과 좁고 열악한 사육 환경 등 공장식 축산 시스템에 대한 비판이 강했다. 따라서 이러한 스트레스 요인들로부터 동물을 자유롭게 해야 한다는 목소리가 컸다. 가장 기본적으로는 언제든지 먹고 마실 수 있는 신선한 물과 사료를 공급해 동물들이 배고픔과 갈증, 영양 불균형으로부터 자유로워야 한다는 기준이 있다. 또한 편안히 쉬고 보호받을 수 있는 환경을 제공해 불편함이 없도록 하고, 질병 예방과 신속한 진단 및 치료를 통해 부상과 질병에서 자유롭게 하는 것이 중요하다. 충분한 공간과 적절한 시설에서 동종의 동료들과 어울리며 습성에 따른 행동 표현을 자유롭게 할 수 있어야 하며, 정신적 고통을 피할 수 있는 환경에서 불안과 스트레스로부터 자유로워야 한다.

이러한 기준은 1979년 영국 농장동물복지위원회에서 존 웹스터John Webster가 최초로 제시하였다. 우리가 아는 바로 그 유명한 '동물의 5대 자유The Five Freedoms'이다. 5대 자유는 동물의 주관적인 감정, 경험, 건강 상태, 행동 등 동물복지학의 여러 분야를 최초로 통합해 구성했다는 데 의의가 있다. 현재도 많은 국가가 농장동물 복지 개선을 위한 법령이나 제도의 기준을 마련하는 데 인용하고 있으며, 우리나라 동물보호법 제3조(동물보호의 기본 원칙)에도 상기 내용이 명시되어 있다.

하지만 사람이 배고픔과 목마름, 잠자리가 해결됐다고 해서 모두 행복해지는 게 아니듯, 동물 역시 생존에 필요한 환경이 나아졌다고 해서 무조건 행복한 상태라고 평가할 수는 없다. 게다가 배고픔이나 갈증, 불편함, 고통과 같은 부정적인 요인들이 완전히 사라지는 것은 현실적으로 불가능하다. 단지 일시적으로 없어지거나 완화될 뿐이다. 그런데 현재까지도 동물보호단체를 비롯한 많은 기관에서 이러한 동물의 자유에 관한 프레임을 인용해 동물복지 기준에 적용하고 있는데, 이는 비현실적인 수준의 동물복지를 요구하는 것이다. 사람의 삶에서도 부정적인 요소를 완전히 없앨 수 없는 것과 마찬가지다.

사람은 긍정적인 경험과 감정을 통해 스트레스를 줄여나간다. 동물도 마찬가지다. 동물들은 열악한 환경에 대한 부정적인 감정을 다른 유쾌한 감정을 경험하면서 회복할 수 있다. 유쾌한 감정은 주로 보상행동rewarding behaviour이라고 하는 긍정적 자극을 주는 행동에서 비롯된다. 먹이 찾기, 동료들과의 상호작용, 주변 환경 탐색과 같은 행동을 통해 즐거움과 흥미, 안정감 등 다양한 형태의 긍정적인 감정을 끌어낼 수 있다. 따라서 동물복지란 생존과 연관된 부정적인 경험을 줄이려는 노력과 함께, 긍정적인 감정을 자극할 수 있는 환경을 제공하는 것이라고 할 수 있다.

동물복지는 시대의 흐름에 따라 동물을 대하는 인간의 태도가 변하면서 그 의미도 변해왔다. 이러한 변화에는 과학 기술의 발전도 크게 기여했다. 동물이 정서적으로 경험하는 감정까지 측정할 수 있게 되었기 때문이다. 중요한 것은 과거부터 인류는 자신들의 의도에 따라, 혹은 필요에 의해서 일방적으로 동물과의 관계를 유지해 오면서, 동시에 함께 살아가는 동물의 복지 문제를 늘 고민해 왔다는 것이다.

# 동물복지 수준을
# 평가하는 방법

    축산농장의 동물복지 수준을 평가하기 위해서는 먼저 각 동물의 복지 수준에 영향을 미치는 요인factor을 알아야 한다. 이러한 요인들의 예로는, 신선한 사료와 물 공급, 사육 공간의 적정성, 휴식 공간의 청결성이나 안락함, 본능적 행동 표현 기회, 질병이나 상해에 대한 대처, 동료와 교감할 기회, 관리자의 핸들링 등이 있다. 당연히 이는 여러 연구를 바탕으로 습득된 과학적인 정보다. 동물복지는 각각의 요인을 개별적으로 평가한 후 그 결과를 종합하여 평가한다. 따라서 이러한 요인들이 새로이 연구, 개발되어 평가에 대입되는 항목이 늘어날수록 동물복지는 더욱 정확하게 평가될 수 있다.

    각각의 요인을 평가하는 방식도 다양한데, 과거에는 주로 적절한 시설과 환경의 제공 여부를 고려했다. 즉, 사료나 물이 적정하게 공급되고 있는지를 평가하기 위해 동물 마릿수당 사료 급이기나 음수 급이기 개수를 계산하고, 사육 공간의 적정성을 평가하기 위해 마릿수당 사육 면적을 계산하는 방식이다. 또한, 행동 표현 기회를 평가할 때는 행동 풍부화 물질을 제공했는지 등을 점검하여 평가했다. 이 밖에도 바닥이 슬랫 구조인지, 깔짚은 제공하고 있는지, 온습도나 환기 조절 장치가 있는지, 조명은 일정 기준 이상인지 등 농장의 시설과 환경을 점검하여 동물복지에 리스크가 될 소지가 있는 부분을 평가했다. 따라서 농장이 평가 항목에서 점검하는 시설과 환경을 갖추고 있으면 좋은 점수를 받을 수 있었다.

평가자 입장에서 보면 특별한 훈련 없이도 쉽고 빠르게 평가할 수 있다는 이점이 있고, 주관적인 판단이 개입되지 않아서 공정한 평가라고 할 수도 있다. 하지만 이렇게 시설과 환경을 기반으로 평가하는 방법은 동물의 상태를 고려하지 못한다. 다시 말해, 현재 동물이 경험하고 있는 상태를 반영하는 것이 아니기 때문에 현대 의미에서의 동물복지를 평가한다면 그 정확성이 다소 떨어진다. 또한 이런 방식의 평가가 계속되면 농장에서는 동물복지 수준을 높이기 위해 시설 투자가 필요하다. 이는 결국 동물복지를 실현하기 위해서는 생산비 상승이 불가피하다는 부정적 인식을 생산자에게 심어주게 되었다.

## 동물의 입장에서
## 복지를 평가하기

반면 최근에는 동물 기반 평가 방식이 보다 널리 통용되고 있다. 동물 기반 평가 방식이란, 위에서 언급한 요인들을 평가하기 위해 실제 대상 동물의 영양 및 건강 상태, 행동 표현 상태, 사람과의 교감 상태 등을 점검하고 이를 종합하여 복지 수준을 평가하는 것을 의미한다. 동물의 행동은 그들의 상태를 평가하는 데 있어 중요한 척도가 된다. 긍정적인 감정을 느낄 때, 혹은 반대로 부정적인 감정을 느낄 때나 회피하고 싶은 상태, 스트레스를 겪고 있는 상태 역시 그들의 행동에 표현된다. 동물이 현재 경험하고 있는 상태를 동물복지라고 정의할 수 있으니, 이를 평가하기 위해서는 이러한 행동 관찰을 기반으로 평가해야 보다 정확할 수 있다. 동물이 긍정적 감정을 많이 표현하고 영양이나 건강이 좋은 상태면 당연히 성장이나 번식 능력도 좋아진다. 이를 바탕으로 생산자에게는 동물복지 수준을 높이기 위한 노력이 곧 생산 성적을 향상시킬 수 있다는 인식을 심어줄 수 있다.

동물 기반 평가 방식으로 현재 가장 널리 통용되고 있는 것은 2009년 유럽연합 동물복지과 프로젝트를 통해 개발한 Welfare Quality®이다. Welfare Quality®는 현재 유럽뿐만 아니라 남미 일부를 포함한 여러 국가에서 자국의 동물복지 평가 기준 설립을 위해 도입하는 프로그램 중 가장 큰 비중을 차지하고 있다. 총 7종의 축산동물(젖소, 육우, 송아지, 번식돈, 비육돈, 산란계, 육계)을 대상으로 한 프로토콜이 개발되어 무료로 이용할 수 있다. Welfare Quality® 프로그램이 처음 개발되었을 당시에는 유럽 내 9개국(네덜란드, 덴마크, 벨기에, 스웨덴, 스페인, 영국, 체코, 프랑스, 핀란드) 22개의 동물복지 연구 기관이 참여하여 총 700여 개의 농장에서 실험을 진행했다. 핀란드 동물복지연구소도 개발 프로젝트에 참여한 기관 중 하나이다. 나는 연구소에서 근무하던 2016년에 한국과학기술정보연구원에서 제안한 '해외첨단과학기술조사사업'의 세부 과제에 지원하여 '국내 동물복지(양돈 분야) 평가 기준 개선을 위한 연구'라는 제목으로 과제를 수행하였다. 이때 Welfare Quality® 평가 기준에서 국내 양돈 농가 실정에 적용할 수 있는 항목들을 선별하여 가능한 구체적이고 통합적인 결과를 도출할 수 있는 방안을 제시했다.

Welfare Quality® 평가 기준은 동물복지에 영향을 미치는 요인들을 네 가지 카테고리(사료 급이, 사육 환경, 건강 상태, 정상 행동)로 분류하였고, 이를 생산 단계 전반에 걸쳐 총 12가지 분야로 구체화하여 평가 기준을 설정했다. 이처럼 평가 항목이 구체화되어 있고, 객관적인 평가 지표가 제시되어 있어서 평가자는 행동학이나 수의학 전문가가 아니더라도 기본 교육을 받으면 어느 정도 시스템을 활용할 수 있다. 그러나 평가에 소요되는 시간은 시설 기반 평가 방식보다 곱절 이상 걸릴 수 있다. 유럽 내 양돈장에서 Welfare Quality®를 이용해 평가했을 때 한 곳당 평균 6~8시간이 소요된다고 한다. 짐작건대, 우리나라에서 동물 기반 평가 방식을 도입하기 어려운 이유가 여기에 있을 거라고 생각된다.

동물의 상태를 일일이 살펴보며 평가하려면 그만큼 평가자에게는 많은 희생이 요구된다. 그러나 평가자가 충분히 교육을 받았거나 평가 경험이 있고, 농장 관리에 관한 정보를 미리 습득한 상태라면 평가에 소요되는 시간은 절반 이하로 단축될 수 있다. 그렇다면 현장 심사자를 주기적으로 보직이 순환되는 수의직 공무원이 아닌 평가 전문 인력으로 구성해 보는 것도 대안이 될 수 있을 것이다. 어쨌든 현대 사회에서 동물복지의 의미를 되짚어보면 동물복지 평가에 있어 시설과 환경 중심의 평가 방식은 이제 동물의 5대 자유 프레임과 함께 재고되어야 한다.

4장

동물이 느끼는
고통과 스트레스

# 동물의 고통과
## 스트레스 수업

　말 못 하는 동물이 느끼는 고통과 스트레스를 어떻게 알 수 있을까? 동물들이 느끼는 고통은 종마다 다를까? 이 물음에 대한 답을 덴마크 오르후스대학교에서 열린 수업에서 찾을 수 있었다. 오르후스대학교는 2년마다 '동물의 고통과 스트레스animal pain and distress' 수업을 개설하고 있다. 수업은 5일 연속으로 진행되는데 보통 월요일부터 금요일까지, 오전 8시에 시작해서 오후 5시까지 매일 수업과 토론, 발표, 평가가 있다. 수업 기간에는 참여 교수들과 학생들이 하루 세 끼 식사도 함께하고 저녁 식사가 끝나면 펍에서 못다 한 토론을 이어가기도 한다.

　인기 수업이었기 때문에 누구나 원한다고 수강할 수 있는 건 아니었다. 수강생은 보통 25명밖에 선발하지 않기 때문에 수강 신청 경쟁은 늘 치열했다. 수업을 개설하는 담당 교수는 오르후스대학교의 메떼 헤르스킨Mette Herskin 교수와 코펜하겐대학교의 비욘 포크만Bjorn Folkman 교수였다. 나는 이 수업을 박사 과정 3년 차를 시작하는 2013년 1월에 수강했다. 당시도 많은 신청자가 몰렸는데, 3페이지 분량의 수강계획서가 평가에 있어 큰 비중을 차지했다. 나는 수컷 돼지의 거세로 인한 통증을 행동 관찰을 이용해 평가하는 연구를 진행하고 있었기 때문에 그와 연관된 수강계획서를 성실히 작성해서 제출했고, 다행히 그해 25명 안에 드는 영광을 안을 수 있었다.

수업은 메떼 교수와 비욘 교수, 그리고 세 명의 초청 교수가 진행했다. 그해에는 영국 리버풀대학교의 린네 스네돈Lynne Sneddon 박사, 뉴캐슬대학교의 맷 리아Mattew Leach 박사, 그리고 브리티시콜롬비아대학교의 댄 웨어리Daniel Weary 교수가 초청 교수로 참여했다. 각각 어류, 실험동물, 그리고 농장동물의 복지 분야에서 국제적으로 전문성을 인정받은 명사들이었다. 참여한 학생들의 연구 분야도 국적만큼 다양했다. 노르웨이에서 가두리 양식을 하는 연어의 스트레스를 연구하는 학생도 있었고, 발트해에 서식하는 참고래의 활동 반경을 추적하기 위해 지느러미에 추적 장치를 삽입하는데 그것이 참고래의 통증과 스트레스에 미치는 영향을 연구하는 사람도 있었다. 돼지를 공부하는 나에게는 아주 생소하지만 신선한 아이디어를 얻을 수 있는 흥미로운 연구들이었다. 그 외에도 육계의 발바닥 병변과 스트레스 연구, 염소의 거세 방법에 따른 통증과 스트레스 연구, 모피 생산을 위해 사육되는 밍크의 스트레스 연구, 젖소의 절뚝거림이 심박수에 미치는 영향 연구, 산란계의 골밀도 구조와 스트레스의 연관성 연구, 번식 모돈에게 진통제를 사용하는 것에 대한 관리자와 수의사의 인식 차이 연구, 꼬리 물린 돼지들의 진통제 치료와 그것이 스트레스 및 사료 급이에 미치는 영향 연구, 관절염으로 고통받는 반려견 및 말의 통증을 측정하고 완화하는 방법 연구, 소의 뿔을 자를 때 통증을 완화하기 위한 효과적인 방법 연구 등이 있었다.

여기 모인 사람들은 모두 '동물복지'라는 큰 타이틀 안에 속해 있었지만, 연구 분야와 아이디어만큼은 모두 남달랐다. 물고기가 느끼는 고통과 스트레스라니! 나도 동물을 연구하는 사람이지만 인간의 모습에서 멀어질수록 존중의 대상에서도 멀어지는 사람의 심리를 생각해 본다면 물고기에 대한 그들의 연구는 획기적인 시도였다. 당시에는 어류의 스트레스 연구가 시작된 지 얼마 되지 않았을 때였다.

# 표정, 행동, 생리적 변화를
# 추적하기

    특히 맷 리아 박사의 수업은 매우 흥미로웠다. 그는 동물들의 표정 변화로 그들의 고통과 스트레스를 측정할 수 있다고 했다. 그러면서 실험동물로 이용되는 설치류의 안면 근육 변화를 통해 이들이 실험 절차에 따른 고통 혹은 신체 조직 일부를 손상하는 불쾌한 자극을 받았을 때 경험하는 고통과 스트레스를 평가하는 자신의 연구를 소개해 주었다. 고통과 스트레스를 경험하고 있는 실험용 생쥐들은 안구 주위가 둥근형에서 타원형으로 변하고 콧잔등과 뺨이 부풀며 귀는 등 쪽으로 젖혀지고 수염은 얼굴 반대 방향으로 뻗친다. 맷 박사는 이러한 변화의 정도를 정량화하여 산출한 값으로 고통의 정도를 측정하는 방법을 2010년에《네이처 메소드Nature Methods》학술지에 게재했다.

    어류의 통증에 대한 강의는 10년이 지난 지금까지도 생생하게 기억할 정도로 인상 깊었다. 강의를 맡은 린네 스네돈 박사는 이 분

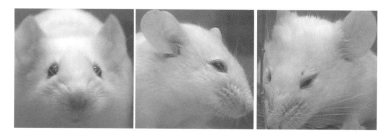

» 생쥐의 안구 주위 근육의 변화로 고통을 평가하는 지수. 0~2점: 전혀 없음(왼쪽), 적당히 견딜 만함(가운데), 심한 고통(오른쪽). 사진 제공: Mattew Leach

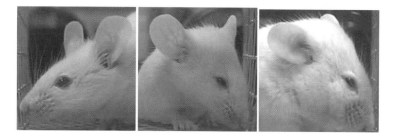

» 생쥐의 귀 젖힘 변화로 고통을 평가하는 지수. 0~2점: 전혀 없음(왼쪽), 적당히 견딜 만함(가운데), 심한 고통(오른쪽). 사진 제공: Mattew Leach

» 생쥐의 수염이 뻗친 방향으로 고통을 평가하는 지수. 0~2점: 전혀 없음(왼쪽), 적당히 견딜 만함(가운데), 심한 고통(오른쪽). 사진 제공: Mattew Leach

acid>saline

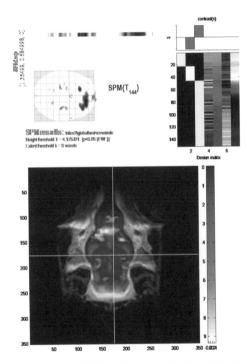

» 어류의 고통과 스트레스를 분석하기 위한 연구: 송어의 통각수용기 위치와 특성을 파악하기 위해
전기생리학(electrophysiology) 분석 방법을 이용하는 사진(위)과, 잉어의 뇌를 20초 간격으로 촬영하
여 물의 산성화에 대한 스트레스 반응을 MRI로 분석하는 사진(아래). 사진 제공: Lynne Sneddon

돼지 복지

야의 선구자였고, 그녀 또한 연구를 시작한 지 10여 년밖에 되지 않았다고 할 만큼 어류의 통증 평가는 잘 알려지지 않은 분야였다. 린네 박사 연구팀은 어류의 종별로 체내 여러 부위에 있는 통각수용기nociceptor들의 위치와 특성을 밝혀내는 연구를 해왔다. 또한 어류에 있는 오피오이드 수용체를 발견하면서 이들이 체내에 지닌 진통 효과가 있는 물질로 스스로 통증 반응을 줄인다는 것과, 학습을 통해 이러한 통증을 피하려고 시도한다는 사실을 밝혀냈다.

예를 들면 어항에 있는 물고기에게 레이저로 자극을 주면 미간이 좁아지고 수염이 뒤로 젖혀진다. 그리고 레이저로 자극을 받았던 곳으로는 다시 헤엄쳐 오지 않는다. 조금 더 오랜 시간 자극받은 물고기는 어항 바닥으로 내려가 움직임을 멈춘다. 이러한 행동은 모두 물고기가 고통을 느낀다는 표현이고 고통으로 인한 불쾌한 감정을 피하기 위해 이들이 택한 시도라고 볼 수 있다. 행동 변화를 통해서도 어류의 고통과 스트레스를 파악할 수 있는데, 무기력, 식욕부진, 아가미 부위의 발적, 비늘 빠짐, 쉼 없이 움직이는 행동과 거친 아가미 호흡 등은 물고기가 통증을 겪을 때 나타나는 증상으로 밝혀지고 있다.

린네 박사는 강의에서 많은 어류의 통각수용기 위치와 특성이 생리적으로 포유동물의 것과 매우 흡사하다는 사실을 강조했다. 즉 포유동물이 느끼는 강도만큼 어류도 고통과 스트레스를 경험할 수 있다는 것이다. 다만 이러한 고통과 스트레스를 표현하는 방식이 종마다 다르고 그것을 측정할 수 있는 기술이 부족해서 그동안 저평가되거나 무시되었을 뿐이다. 이곳에서 뜨거운 냄비에 산 채로 들어가는 낙지와 꽃게의 심정을 생각하게 될 줄이야. 식탁에 앉은 사람들은 해물탕 냄비 벽이 긁히는 소리와 들썩이는 뚜껑으로 해산물의 신선도에 만족해하지만 사실 그것은 꽃게의 스트레스 반응으로 나타나는 쉼 없이 움직이는 행동restlessness behaviour으로 조직 손상으로 인한 불쾌한 감정을 피하기 위한 본능적인 행동이다.

이처럼 동물은 모두 각자의 방식으로 고통과 스트레스, 두려움 및 불안에 반응한다. 하지만 자기 경험을 말로 설명할 수 없기 때문에 그들이 느끼는 고통의 강도를 평가하기 위해서는 각 동물에 맞는 방법을 찾아야 한다. 동물은 사람을 포함한 포식자와 대면했을 때 두려움과 불안을 표현할 수 있으며, 질병이나 부상에 대한 반응으로 고통의 징후를 보일 수 있다. 예를 들면 통증 부위를 자극하지 않기 위해 몸을 웅크리고 있기도 하고, 다리에 부상으로 인한 통증이 있을 때는 그 다리를 사용하지 않고 절뚝거리며 걷는다. 이러한 통증이 지속되면 활동 반경, 사회성 행동, 식욕 등의 변화가 따를 수 있다. 본능적인 행동을 방해하는 주거 환경이나 낯선 상황, 혹은 사회적 동물에게 있어 고립된 상황도 마찬가지로 스트레스 요인이다. 스트레스 상황이 해결되지 않으면 고통으로 이어질 수 있고, 이때 서성거리거나 머리를 좌우로 흔드는 등 목적 없이 반복되는 정형행동stereotypies을 보일 수도 있다.

외적 징후가 명백히 나타나지 않더라도 그 동물에게 고통이나 통증이 없다고 가정할 수는 없다. 특히 농장동물과 같이 먹이사슬

» 돼지 질병 파악을 위한 스마트 장비: 돼지들의 기침 소리를 측정할 수 있는 오디오 측정 장치(왼쪽)와 열화상 카메라와 분석 장치(오른쪽)를 이용해 폐렴, 발열 등의 증상이 있는 개체를 조기에 식별할 수 있다. 사진 제공: 한돈혁신센터

의 하위층에 속하는 동물들은 고통과 스트레스 징후를 숨기려는 습성이 있기 때문이다. 포식자의 타깃이 되는 것을 피하기 위한 일종의 위장 행동이다. 예를 들어 가벼운 폐렴 증상이 있는 소나 돼지는 관리자가 다가오면 기침을 멈추고 무리에 섞여 이동하면서 관리자에게 발견되지 않으려고 노력한다.

행동 변화 외에도 고통과 스트레스는 시상하부-뇌하수체-부신HPA으로 연결되는 자극을 통해 생리학적 및 생화학적 변화로도 평가할 수 있다. 코르티솔 농도, 혈압, 심박수 및 호흡수 증가는 통증이나 스트레스의 지표로 이용된다. 이러한 생리학적, 생화학적 변화는 최근 첨단 장비를 활용하면서 평가 오차가 줄어들고 있다. 예를 들어, 오디오 측정, 영상 촬영 및 분석 기술의 발달로 동물의 안면 근육 변화, 발성, 기침 소리 등을 측정해 고통을 평가하는 기술 등이 적용되고 있다.

# 수컷 새끼 돼지의
## 거세

동물의 고통과 스트레스 수업 중에 나는 당시 연구 중이던 주제를 소개하고 참여자들과 함께 토론하는 시간을 갖게 되었다. 수컷 돼지의 거세로 인한 통증과 스트레스를 행동학적 변화로 평가하는 방법, 그리고 현재까지도 유럽에서 거세 시 통증을 줄이기 위해 널리 이용되고 있는 마취제와 진통제의 효능에 관한 연구였다.

나는 한국에서 석사 과정을 밟는 2년 동안 실험 농장에서 지냈다. 이때 연구만 한 것이 아니라 농장에서 일상적으로 하는 관리 업무도 함께 배웠다. 그중 가장 불편했던 일은 새끼 돼지들을 거세하는 일이었다. 거세 틀에 새끼 돼지를 끼워 넣으면 옴짝달싹 못한 상태에서 음낭 두 쪽이 돌출된다. 그러면 한 쪽당 손톱 크기만큼 피부를 절개해서 엄지와 검지로 꾹 눌러 피부 안쪽에 있는 고환을 끄집어낸 후 음낭선을 절개한다. 통증을 줄이기 위한 마취나 진통제 처치는 전혀 없었다.

» 외과적 거세. 수컷 돼지는 생후 2~3일령에 거세를 한다. 대부분 마취나 진통 조치는 없다.

거세당한 돼지는 괴성을 내지르는데, 그 괴성의 세기는 피부를 절개하는 시점, 고환을 빼내는 시점, 그리고 음낭선을 절개하는 시점과 정확히 일치해서 피크를 보였다. 그들의 고통은 뒷다리 근육의 떨림을 통해 고스란히 손으로도 전해졌다. 거세를 마치고 펜 안에 새끼 돼지를 다시 내려놓으면 평상시에는 들을 수 없던 울음소리가 들리곤 했다. "쿠얼~ 쿠얼~." 마치 견디기 힘든 통증을 토해내려는 것처럼 말이다. 그러다가 머리를 좌우로 세차게 흔들기도 하고 갑자기 털썩 주저앉기도 했다. 뒷다리를 부들부들 떨거나 교차해서 쭈뼛이 뻗어보기도 했다. 통증이 쉽게 가시지 않는지 한참 동안 똑바로 걷지 못했다. 움직임도 현저히 줄어들었다. 대부분 웅크린 채 엎드려 있으면서 마치 고통이 사라지기만을 기다리는 것처럼 보였다.

# 외과적 거세,
## 마취제와 진통제의 효능

수컷 돼지를 거세하면 비육기에 승가mounting 행동이나 공격적 성향으로 인한 피해를 줄일 수 있다. 일각에서는 체내 지방 함량을 늘려 고기 육질을 좋게 하고, 빠르게 비육시켜 수익성을 높이려고 한다는 주장도 있지만, 이는 근거 없는 말이다. 현대식 양돈장에서 돼지를 거세하는 주된 이유는 일부 수컷 돼지의 고기에서 발생하는 웅취boar taint를 제거하기 위해서다. 웅취는 수컷 돼지의 지방에 안드로스테론과 스카톨이라는 물질이 축적되면서 발생하는 특유의 불쾌한 냄새를 말한다. 흔히 말하는 암내 혹은 누린내라고 표현할 수도 있겠다. 이는 냄새뿐만 아니라 누린 맛까지 유발할 수 있어서 고기의 품질을 떨어뜨린다. 소비자들이 누린내 나는 고기를 좋아할 리 없으니, 자칫 전반적인 돼지고기 소비 심리를 위축시킬 수도 있는 중차대한 문제다. 이러한 이유로 일반 농가에서는 어쩔 수 없이 수컷 돼지를 거세하고 있다.

그러나 사실 모든 수컷 돼지의 고기에서 웅취가 나는 것은 아니다. 웅취 발생 비율은 전체 출하되는 돼지 중 4~8%에게만 나타난다. 그런데 이를 이유로 모든 수컷 돼지를 거세하는 것은 동물에게도 감당하기 힘든 고통을 줄뿐더러, 인력과 비용 면에서도 많은 희생을 요구한다.

우리나라는 99%의 수컷 돼지들이 외과적 거세를 당한다. 나머지 1%는 관리자가 실수로 거세할 돼지를 빠트린 경우라 볼 수 있다. 돼지를 거세하지 않고 출하하면 돼지값은 정상 가격의 50%만 받게 된다. 그뿐만 아니라 페널티 비용을 지불해야 하는 경우도 있다. 따라서 양돈장에서 거세는 필수적으로 시행되지만, 대부분 마취나 진통 조치는 하지 않는다. 일반적으로 수컷 돼지는 생후 2~3일령에 거세하는데, 생후 일주일이 지나면 법적으로 수의사만 외과적 거세를 실시할 수 있다. 일령이 늘어날수록 거세로 인한 통증과 스트레스가 더욱 가중되기 때문이다.

현대식 양돈장에서 수컷 돼지의 고환을 외과적으로 절개하는 방식은 내가 경험한 한국이나 핀란드를 포함해 모든 국가에서 차이가 없다. 규정상 다른 점이라면, 유럽 국가들은 유럽의회 규정에 따라 2012년부터 외과적 거세 전에 국부 마취제와 진통제를 함께 처치해야 한다. 그러나 핀란드를 비롯한 대부분 유럽 국가의 양돈장에서도 의회 규정을 제대로 지켜가며 마취나 진통제를 처치하는 곳을 찾기는 쉽지 않다.

국부 마취제 처치가 그동안 잘 시행되지 않았던 이유는, 이를 위해서는 수의사가 농가를 직접 방문해 투약해야 하는데 비용이나 관리 스케줄 면에서 현실적인 어려움이 많기 때문이다. 또한 돼지의 복지 측면에서도 논란이 있었다. 국부 마취제는 고환에 직접 주사하고 마취 효과를 위해 10여 분 기다린 후에 거세해야 하는데, 이때 투약과 반복되는 핸들링 과정에서 돼지가 겪는 스트레스도 무시할 수 없는 수준이기 때문이다. 마취제의 안정성도 명확히 밝혀지지 않았다. 유럽의회는 안정성에 문제가 없다는 판단에서 마취제 사용을 승인했지만, 당시 미국 농무부에서는 마취제가 식육에 남아 있을 때의 안정성이 충분히 검증되지 않았다고 발표했다. 이를 근거로 미국 양돈장에서는 오히려 마취제를 사용하는 거세가 허가되지 않기도 했다.

마취제에 비해 진통제 처치는 절차상 보다 수월하다. 수의사 방문 없이 농장 직원이 투약할 수 있고 사료나 음수에 타서 먹일 수도 있다. 그러나 진통제는 절개 부위 조직의 염증 반응으로 인한 통증을 줄이는 데만 효과를 볼 수 있을 뿐이지 조직을 절개할 때 유발되는 통증을 완화할 수는 없다. 그런데도 유럽 일부 양돈장에서는 아직까지도 거세 전 진통제만 투약하거나 이마저도 안 하고 거세가 이뤄지는 곳이 많은 실정이다.

## 거세 트라우마와
## 면역 거세의 대두

나는 돼지의 거세 통증을 절개 부위 근육의 움직임, 통증 부위를 자극하지 않으려는 자세와 행동, 통증으로 인한 스트레스를 나타내는 자세와 행동 등을 분석하여 평가하였고, 이를 바탕으로 거세 통증이 신체 조직을 절개하는 순간부터 최대 5일 동안 지속된다는 것을 검증하여 논문으로 발표했다.[4] 추가로 현재 시장에서 점유율이 가장 높은 국부 마취제와 진통제의 효능에 대해서도 연구했는데, 마취제와 진통제 둘 다 일관된 통증 완화 효과를 발견하지 못했다.

이후 우리 연구를 포함한 많은 연구에서 외과적 거세가 조직을 절개하며 발생하는 급성 통증뿐만 아니라 절개 부위 염증으로 인한 만성 통증과 트라우마를 유발해 새끼 돼지 시기뿐만 아니라 육성, 비육돈 시기까지 복지 문제를 일으키는 것으로 밝혀지고 있다. 이러한 연구 결과를 토대로 유럽의회는 외과적 거세를 전면적으로 금지하는 규정을 발표하기도 했다. 마취제의 사용 여부나 효능과 무관하게 아예 외과적 거세를 할 수 없게 하겠다는 것이다. 처음엔 2018년부터 시행을 계획했다가, 2년 유예하여 2020년부터로 점차 늦어지더니 결국 법안은 원안대로 통과되지 못했다. 이유는 뚜렷하게 밝혀지지 않았으나, 짐작건대 수출의 어려움, 판매 가격 하락 등 생산 활동에 위기를 직면한 생산자를 보호하는 것도 의회의 의무이기 때문일 것이다.

이후로는 이러한 물리적 시술을 대체할 수 있는 새로운 방안들이 논의되고 있다. 일단 절개식 거세를 할 때 기본적으로 효능이 확인된 마취제와 진통제를 모두 사용해야 하는 것은 여전히 유효한 규정이다. 한편, 유럽의회가 절개식 거세를 대체하는 방안으로 가장 권고하는 것은 면역 거세immunocastration이다. 면역 거세는 웅취를 유발하는 인자를 억제하는 백신접종으로 현재 가장 효과적이고 안전한 대안으로 알려지면서 유럽 대부분의 국가에서 승인되었고, 외과적 거세를 대체하는 비율이 점차 늘고 있다. 그러나 미국은 안전성 검증이 더 필요하다는 이유로 사용을 승인하지 않았다. 우리나라 역시 소비자의 부정적 인식, 고가의 비용, 접종 방법의 어려움이나 인력 부족 등 면역 거세를 도입하기에 앞서 풀어야 할 과제가 아직 많이 남아 있다.

## 거세 없는 온전한
## 수컷 돼지 출하

유럽의회에서 면역 거세 다음으로 권고하는 대안은 수컷 돼지를 온전하게 출하하는 방법이다. 소비자 단체 중심으로 동물복지가 보편화되고 있는 영국과 아일랜드의 양돈장은 이미 거세하지 않은 온전한 수컷 돼지를 출하하는 것으로 잘 알려져 있다. 2022년 통계로 보면 스페인과 포르투갈에서도 온전히 출하되는 수컷 돼지가 85% 이상을 차지한다. 이들 국가의 양돈장에서는 대부분 거세를 하지 않고, 대신에 출하 체중을 낮춰 웅취가 덜 심할 때 출하하는 방식을 택하고 있다.

수컷 돼지를 온전히 출하하는 비율은 최근 10년 동안 다른 유럽연합 국가들에서도 꾸준히 증가하고 있는 추세다. 특히 유럽연합 내에서 양돈 산업 규모가 큰 국가인 네덜란드, 프랑스, 독일, 덴마크, 벨기에의 변화를 주목해 볼 필요가 있다. 2020년 통계를 보면 각 나라 순으로 전체 출하 돼지 중 65%, 25%, 15%, 7%, 5%가 온전한 수컷 돼지였다. 유럽연합 전체로 보면 약 17%의 비율이고,

현재는 그 비율이 더욱 높아졌을 것으로 예상된다.

이처럼 온전한 수컷 돼지 출하 비율이 높아진 것은 통증 완화제 사용 혹은 면역 거세를 위한 백신 투약에 따른 높은 비용과 불편함을 겪게 되면서부터라고 분석된다. 실제 유럽 내 일부 국가들은 통증 완화제에 대한 자체 법령을 더욱 강화하기도 했는데, 독일은 2021년부터 전신 마취가 법제화됐고, 프랑스도 2022년부터 국부 마취 없이 거세하는 것이 불법이 됐다. 덴마크도 자국 법령에 따라 현재 온전히 출하되는 7%의 수컷 돼지를 제외한 나머지 93%의 돼지들은 모두 국부 마취 후 거세하고 있다.

이들 국가에서는 수컷 돼지를 출하할 때 웅취가 발생하는 고기를 도축 단계에서 선별하여 시장에 할인된 가격으로 유통한다. 선별 작업과 가격 변동에 따른 손해 비용은 생산자가 부담한다. 현재 이들 국가의 도축장에서 수컷 돼지 출하에 공제하는 비용은 나라마다 차이가 있지만 마리당 3~5유로 정도이다. 마리당 판매 가격에서 2~3% 정도 빠지는 비용이다. 비용 면에서만 보면 통증 완화제 구매에 드는 비용, 거세 후 소독 및 치료 비용, 인건비 등을 줄일 수 있으니 손해는 아니다. 정부나 지자체가 보조금을 지급하여 어느 정도 보상을 받을 수 있다면 충분히 시도할 만한 대안이다.

그러나 이 대안은 소비자들의 이해가 있어야 가능하다. 일각에서는 이들 유럽 국가의 소비자들이 우리나라처럼 구이용 고기를 많이 소비하지 않기 때문에 웅취에 덜 민감하고, 따라서 온전한 수컷 돼지 출하가 가능하다고 주장하기도 한다. 실제로 덴마크에서 온전한 수컷 돼지 출하 비율이 7%로 주변국에 비해 낮은 이유도 덴마크산 고기를 수입하는 비유럽 국가들이 이를 허용하지 않기 때문이다. 따라서 해당 대안을 수용하려면 소비자들이 동물의 고통과 스트레스를 이해하고 받아들일 수 있을 만큼 동물복지에 대한 사회적 인식이 높아져야 하는 것은 분명하다. 소비자 스스로도 자기의 만족을 위해 수컷 돼지에게 거세의 고통을 무조건적으로 요구하는 것이 과연 옳을지 깊게 고민해 보아야 한다.

돼지 복지

# 또 하나의 시련,
## 꼬리 자르기

　돼지 그림의 상징이라고 하면 용수철 모양의 꼬리를 떠올릴지도 모르겠다. 하지만 안타깝게도 우리나라 양돈장에서 용수철 모양의 꼬리는 볼 수 없다. 비단 우리나라뿐만은 아니다. 핀란드와 스웨덴, 두 나라를 제외하고 전 세계 양돈장의 돼지들은 태어난 후 3일쯤 되면 꼬리를 잘린다. 새끼 돼지에게 꼬리 자르기는 고통과 스트레스를 동반하는 또 하나의 큰 시련이다.

　서로 꼬리를 무는 돼지들의 습성이 불러오는 피해를 예방한다는 명목으로 꼬리 자르기는 계속되어 왔다. 꼬리 물기가 돼지들에게 상해를 입힘으로써 복지 문제뿐만 아니라 경제적 손실도 동반하기 때문이다. 꼬리를 심하게 물린 경우 상처 때문에 폐사할 수도 있다. 그래서 농장에서는 꼬리 물기를 방치하는 것이 돼지의 복지를 떨어뜨리는 일이라고 여기기도 한다.

　돼지가 동료의 꼬리를 무는 현상은 행동학적으로 보면 현대 양

» 젖을 뗀 돼지. 태어난 지 3일령이 되면 꼬리를 잘라버린다.

돈에서부터 생겨난 가장 심각한 문제라고 할 수 있다. 야생의 환경
에서는 거의 보고된 바가 없기 때문이다. 꼬리 물기의 원인은 매우
다양하고 복잡한데, 그중 부적절한 사육 환경에서 비롯된 스트레
스, 영양소 결핍, 건강 문제 등이 주요한 원인으로 꼽힌다. 만일 이
러한 원인이 복합적으로 나타나면 꼬리 물기 현상은 그룹 내에 전
염되기도 한다. 꼬리 물기가 전염된 그룹에서는 상처로 인한 고통
과 감염의 위험성이 더욱 높아져 동물복지 문제를 넘어 고기의 품
질과 안전성을 위협하는 중차대한 문제로 이어질 수 있다. 이를 예
방하기 위해 농장에서 모든 돼지들의 꼬리를 자르는 것이다. 대개
이런 농장은 꼬리 물기 현상이 드물게 발생하든 혹은 한동안 전혀
발생하지 않았든 혹시 모를 위험을 줄이기 위해 모든 돼지의 꼬리
를 자르는 것이 낫다고 여긴다.

# 꼬리 물기 vs 꼬리 자르기

1994년 일방적인 꼬리 자르기를 금지하는 법안이 유럽연합 의회에서 통과됐다. 당시 입법안에 따르면 꼬리를 자르기 전에 꼬리 물기 현상을 줄일 수 있는 다른 방법을 먼저 시도해야 한다. 그러나 대부분 농가에서는 다른 방법을 시도하는 것보다 간편한 꼬리 자르기를 택했다. 이후 여러 개정안이 나왔는데, 가장 최근인 2018년 입법안에서는 꼬리 물기 현상을 보이지 않은 농장에서 돼지의 꼬리를 자르는 것이 전면 금지되었다. 보통 꼬리 물기로 인한 피해는 성장 기간 중 육성돈 이후에 주로 나타난다. 그러니 새끼 돼지들의 꼬리를 자르면 안 되고 먼저 꼬리 물기 현상이 발생한 곳의 사육 환경을 개선함으로써 해결해야 하는 것이다. 그럼에도 불구하고 대부분의 유럽연합 국가들은 여전히 새끼 돼지의 꼬리 자르기를 포기하지 못하고 있다. 관리자들은 이때부터 꼬리를 자르지 않으면 꼬리 물기 현상이 곧바로 증가할 것이라고 우려하기 때문이다. 그렇게 되면 꼬리를 자르는 것보다 더 잔혹한 상황을 겪게 되어 오히려 돼지의 복지가 훼손된다고 주장하기도 한다.

그렇다면 꼬리 자르기로 인한 돼지의 통증과 스트레스는 어느 정도일까? 연구에 따르면 3일령 새끼 돼지의 꼬리에는 신경계가 매우 잘 발달해 있어서 절단하는 순간부터 돼지는 매우 큰 통증을 경험하게 되고, 잘린 부위는 염증 반응으로 인한 통증은 물론, 이후에도 신경종neuroma이 형성돼 상당히 오랜 시간 동안 통증과 만성 스트레스 및 트라우마를 겪게 된다고 한다. 통증과 스트레스 면에서만 본다면 수컷 돼지의 거세와 다를 바 없다. 또한 꼬리 자르기로 인한 통증과 스트레스는 꼬리 물기 현상으로 발생하는 그것보다 회복하기 더 어렵다는 연구 결과도 있다.

이처럼 새끼 돼지의 신체를 훼손하고 그에 따른 통증과 스트레스를 감내하게 하는 것이 정당한 대안이라 할 수 있을까? 사실 꼬리 자르기가 꼬리 물기 현상을 완벽하게 예방하는 것도 아니다. 꼬리가 잘린 돼지들도 그나마 남아 있는 짧은 꼬리를 물려 상해를 입기도 한다. 특히 열악한 환경에 노출됐을 때 돼지들의 피해는 더욱 심각하다. 꼬리 자르기는 꼬리 물기 현상으로 발생하는 피해를 줄이기 위한 노력이지 꼬리 물기 현상을 근본적으로 해결하는 방법이 아니기 때문이다. 이러한 연구 내용들이 유럽연합 의회에서 꼬리 자르기를 금지하는 결정에 중요한 근거 자료가 되었고, 이후부터는 대안을 찾는 연구가 활발히 진행되고 있다.

## 꼬리 자르기를 멈추기 위한
## 핀란드의 노력

내가 근무했던 핀란드 동물복지연구소는 꼬리 자르기 대체 방안 연구가 가장 활발한 곳 중 하나였다. 핀란드에서 진행된 연구에서는 꼬리 물기 현상과 돼지의 건강과의 연관성을 보여주는 결과가 많았다. 돼지의 체내 면역 반응은 사이토카인cytokine(혈액에 함유된 면역 단백의 하나)과 신경 전달에 의해 조절되는데, 이것이 손상되면 돼지처럼 사회적인 동물들은 공격적인 행동이 증가한다. 이때 꼬리 물기 현상으로 인한 피해가 커질 수 있다. 실제로 돼지들의 지제(가축의 다리와 발굽) 부상이 많은 그룹에서 꼬리 손상이 더 많이 발견되었다.[5] 또한 바닥에 구멍이 뚫려 있는 슬랫 비율이 높을수록 꼬리 물기 현상이 더 많이 나타나는 것을 발견했는데, 돼지들이 슬랫 바닥 구조에서 할 수 있는 행동이 제한적이고, 발굽이 슬랫 틈에 끼면서 지제 부상이 더 많이 발생했기 때문이다. 이러한 연구 결과를 바탕으로 핀란드는 2013년부터 슬랫은 바닥 전체가 아닌 일부분에만 적용할 것을 규정했고, 2028년부터는 아예 일부 슬랫 구조도 허용하지 않는 법안이 통과된 상태다.

앞서도 언급했지만, 꼬리 물기 현상에는 광범위한 요인들이 복합적으로 관여하기 때문에 어느 특정 요인만 제거한다고 해결되지 않는다. 유럽의 많은 연구는 적정 사육 공간, 행동 풍부화 기회, 적절한 환기, 신선한 사료와 음수, 충분한 깔짚 등을 육성·비육사에 제공한다면 꼬리 물기 피해를 어느 정도 줄일 수 있다고 발표해 왔다. 핀란드 동물복지연구소에서는 특히 행동 풍부화를 위한 물질을 제공하는 연구에 더욱 주목했다.

돼지는 호기심이 많은 동물인데, 현대식 돈사의 구조물은 매우 단조로워서 돼지들은 대부분의 시간을 지루하고 따분하게 보낸다. 이로 인한 부정적인 감정이 쌓이게 되면 공격적인 행동으로 표출되기도 한다. 단조로운 돈사 내에서 동료들의 살랑거리는 꼬리는 호기심을 자극하는 대상이 되기도 한다. 처음엔 건드려 보다가, 조금씩 깨물어 보고, 그러다 그 부위에 상처가 나서 피 맛을 보면 카니발리즘cannibalism(식육증)이 나타나 더 큰 피해로 이어진다. 이러한 원인에서 비롯된 꼬리 물기는 행동 표현 기회를 높여 해소해야 한다.

행동 표현 기회를 높이기 위한 물질을 선정할 때는 세 가지 사항을 고려해야 한다. 먼저, 기본적으로 돼지들이 좋아해야 하고, 농가에서 쉽고 저렴하게 구할 수 있으며 관리에 방해되지 않아야 한다. 이 세 가지 조건이 충족되지 않으면 물질을 지속적으로 제공하기 어려워지고, 돼지의 지속적인 행동 표현 기회 역시 불투명해지기 때문이다. 복잡하고 어렵게 들릴 수도 있겠지만, 사실 의외로 간단하다. 돼지에게 물어서 답을 찾으면 된다. 보통 이렇게 동물 행동을 기반으로 하는 동물복지 연구는 사람의 관점으로 접근하면 복잡해지고, 동물의 시선으로 접근해야 쉽고 명확해진다.

핀란드 동물복지연구소 동료인 헬레나Helena Telkanranta 박사는 행동 풍부화 물질 제공이 꼬리 물기 현상에 미치는 영향을 연구했다. 먼저 실험을 진행할 핀란드 양돈장에서 관리자와 어떤 물질을 제공할지 논의했다. 그중에는 쇠사슬, 플라스틱 파이프, 헌 작업복과 장화, 밧줄, 나무토막, 깔때기 모양의 주차 금지 장애물, 폐타이어 등이 후보 물질로 선정됐다. 모두 두 번째와 세 번째 조건에 부합하는 것들이었다. 헬레나는 이것들을 가지고 선호도 테스트를 진행했다. 돼지에게 각 후보 물질을 제공하고, 이 중 무엇을 가장 오랫동안 빈번하게 가지고 노는지 알아보는 실험이었다. 테스트를 통해 이 농장의 돼지들은 플라스틱 파이프와 나무토막을 가장 선호한다는 것을 알게 되었다.

　연구의 다음 절차는 돼지의 해부학적, 행동학적 특성에 대한 배경지식을 토대로 돼지가 선호하는 물질을 어떻게 제공해야 더 많은 행동 표현을 유도할 수 있는지 알아보는 실험이었다. 실험 결과, 실험 농장의 돼지들은 나무토막을 돈사 바닥으로부터 20cm 정도 높이에 위치하도록 수평으로 걸어서 제공해야 함을 알 수 있었다. 나무토막 서너 개를 펜에 던져주면 돼지들은 처음에는 호기심에 이리저리 굴려보기도 했지만, 이내 싫증을 냈다. 그러다 나무토막이 분뇨와 뒤범벅되면 더 이상 장난감이 아닌 걸림돌 취급을 했다. 반면 쇠사슬을 이용하여 나무토막을 수평으로 걸어두면 돼지들은 앞발로 긁는 행동, 코로 툭툭 치켜올리는 행동, 입으로 물어보는 행동, 등을 비비는 행동 등을 보였고, 나무토막 밑에 코를 집어넣고 엎드려 편안히 쉬는 모습도 관찰할 수 있었다. 야생에서 나뭇가지나 땅에 코를 처박고 쉬는 돼지의 본능적 습성이 발현된 것이다. 이렇게 표현하는 행동이 다양해지자 꼬리 물기 현상도 거의 없었고, 꼬리 물기가 발생해도 그로 인한 꼬리 손상 피해 정도는 크게 줄어들었다.[6]

　헬레나는 이어서 행동 풍부화 물질을 언제 제공해야 최적의 효과를 볼 수 있는지 연구했다. 보통 꼬리 물기 현상은 육성기나 비육기에 발생한다. 그래서 대부분의 농가는 육성·비육사에만 이러한 물질들을 제공해 주려고 한다. 그러나 사람도 그렇듯이 돼지도

» 비육사에 나무토막을 제공했다. 나무토막을 수평으로 걸어주니 돼지들의 다양한 행동 표현이 발현
되면서 꼬리 물기 피해를 예방할 수 있었다. 사진 제공: Helena Telkanranta

어린 시절부터 장난감을 가지고 노는 데 익숙하지 않으면 나중에
는 장난감이 있어도 잘 가지고 놀지 못한다. 헬레나는 분만사의 새
끼 돼지를 두 그룹으로 나눠 실험을 진행했다. 첫 번째 그룹은 젖
먹이 때부터 밧줄과 신문지를 제공하고, 두 번째 그룹은 아무것도
제공하지 않았다. 그랬더니 첫 번째 그룹의 돼지들이 이유자돈사
와 육성·비육사에서도 행동 풍부화 물질을 더 오랫동안 빈번하게
가지고 노는 것을 관찰할 수 있었고, 두 번째 그룹보다 꼬리나 귀
물기 현상도 덜했다. 이들은 어렸을 때부터 친구들의 꼬리나 귀가
아닌 장난감을 갖고 노는 것에 더 익숙해서 새로운 환경과 낯선 물
질을 마주했을 때도 정서적으로 더 빠르게 안정감을 찾을 수 있는
것이다.

이러한 연구들은 현대식 생산 시스템에서도 충분히 긴 꼬리를
가진 돼지들을 사육할 수 있음을 보여준다. 물론 핀란드 양돈장에

서도 꼬리 물기는 발생한다. 그러나 핀란드 전체 7.5%의 양돈 농가를 대상으로 진행한 설문조사에서, 대부분 생산자들은 꼬리 물기가 농장을 관리하는 데 문제가 되지 않는다고 답했다.[7] 오히려 꼬리를 온전히 두고 사육하는 것이 동물복지뿐만 아니라, 성장 성적 향상과 항생제 치료 필요성 감소 등 농가의 수익성 향상에도 좋은 영향을 준다고 여겼다.[8] 연구 책임자이자 내 지도 교수였던 안나는 이처럼 긍정적인 효과가 더 많기 때문에 핀란드 생산자들은 설령 꼬리 자르기 금지법이 없어지더라도 새끼 돼지의 꼬리를 자르지 않을 거라고 했다.

만일 관리자들이 꼬리 물기가 전혀 발견되지 않아야 꼬리 자르기를 그만할 수 있다고 한다면 이들을 설득할 방법은 없다. 왜냐하면 현대 양돈 시스템에서 꼬리 물기 현상은 절대 없어지지 않을 것이기 때문이다. 따라서 정부 법안 혹은 동물복지 인증제도에서 꼬리 자르기를 규제하는 기준을 내세울 때는, 관리자에게 꼬리 물기 현상이 발생했을 때 신속하게 대처하여 피해를 줄일 수 있는 구체적인 가이드라인을 제시해 주어야 한다. 무엇보다 꼬리 물기로 인한 피해를 줄이기 위해서는 빠른 치료와 후속 조치를 위해 조기에 발견하는 것이 중요하다. 이를 위해서는 사료 급이 시 관리자가 정기적으로 꼬리 병변을 관찰하거나, 혹은 스마트 장비를 활용하여 자동으로 진단할 수 있는 방법들을 고려해 볼 수 있다. 농장에서 관리자가 꼬리 물기 현상이 발생한 원인과 이를 예방할 수 있는 방안을 끊임없이 고민하고, 동시에 꼬리 물기가 발생한 상황에 언제

든 대처할 수 있다면, 현대식 양돈장에서도 긴 용수철 모양의 꼬리
를 흔드는 돼지를 볼 수 있을 것이다.

5장

농장동물의
좋은 삶

# 소 방목하는

## 날

    핀란드는 긴 겨울이 끝나는 5월부터 환상적인 날씨가 시작된다. 이때부터 청명한 하늘과 녹음이 푸르른 들판이 적어도 5개월 동안은 지속된다. 핀란드 사람들은 축복받은 기후를 놓치지 않으려는 듯 춥고 어두운 겨울에는 일에 집중하고 여름에는 휴가를 즐긴다. 6월에서 8월 사이 본격적인 여름 기간에 이들은 호숫가 근처 가족이 소유한 코티지<sup>cottage</sup>에서 수영, 일광욕, 사우나를 즐기며 여름을 보낸다.

    어느 5월의 토요일 아침, 나는 여느 때와 마찬가지로 자전거를 타고 출근 중이었다. 연구소까지는 9.7km. 가는 동안 한 번 마주하는 건널목 신호등에서 지체되는 시간에 따라 차이가 있지만 보통 35분이면 우리 연구소가 있는 헬싱키대학교 비키<sup>Viikki</sup> 캠퍼스로 접어든다. 비키 캠퍼스에는 수의과대학, 농과대학, 산림대학, 자연대학 캠퍼스가 있다. 넓은 캠퍼스 부지는 작물을 심어놓은 밭, 울창한 산림과 멋진 조경, 24시간 조명이 켜져 있는 유리 온실 등 각 단과 대학별 연구 대상들이 한데 멋지게 어우러져 있다. 그중 단연 최고의 볼거리는 수의과대학과 농과대학에서 연구와 학생 실습으로 이용하는 젖소 사육 농장이다. 젖소들은 긴 겨울 동안 실내 사육 시설에서만 지내다가 5월부터는 푸르른 목초가 넓게 펼쳐진 방목장으로 나온다. 그날은 바로 그해 처음으로 젖소들이 방목장에 나오는 날이었다.

## 남녀노소가 즐기는
## 축제의 장

연구소 건물까지 아직 2km가 더 남았는데 젖소 농장 주변으로 인파가 보였다. 젖소를 처음 방목하는 날인 오늘, 지역 축제처럼 진행할 것이라는 학교 공고를 보긴 했지만 이렇게 많은 사람이 이른 아침부터 자리를 잡고 있을 줄은 생각지도 못했다. 사람들은 젖소들이 실내 사육장에서 방목장으로 나가는 길목을 따라 자리를 잡고 있었다. 축제를 준비하는 수의과대학과 농과대학 학생들도 부지런히 손님 맞을 준비를 하고 있었다. 트랙터에 달린 수레를 타고 캠퍼스 주변을 한 바퀴 도는 체험, 조랑말에 어린이 손님을 태워 농장 주변을 왕복하는 체험, 실습용 모형 젖소를 이용한 젖짜기 체험 등 다양한 프로그램이 준비되고 있었다.

농장 밖에는 울타리를 설치해 돼지부터 거위, 염소, 칠면조 등

» 방목하는 날. 매년 5월 진행되는 이 행사에는 4,000~5,000명가량의 사람들이 모인다. 핀란드 공영 방송사인 YLE도 이날 취재에 열을 올렸다.

실내 사육장에서 지내던 각종 농장동물이 전부 나와 있었다. 아이들은 그림책에서나 보았던 동물농장이 눈앞에 펼쳐진 것이 신기한 듯 울타리 안으로 손을 뻗어 만져보려고 애쓰는 모습도 보였다. 신이 난 아이들만큼 동물들도 흥분해 있었다. 염소는 아이들이 고사리 같은 손으로 건초를 흔들자 익숙한 듯 다가가 받아먹었고, 돼지는 당근을 들고 있는 아이들에게 다가갔다. 한 아이는 돼지가 다가오자 무서웠는지 당근을 바닥에 던져버렸는데 이내 돼지가 코를 치켜들자 손으로 하이파이브를 하기도 했다. 그렇게 연구소 앞은 긴 겨울을 보낸 핀란드의 사람들과 동물들로 즐겁고 행복한 축제의 장이 되어가고 있었다.

나는 혼잡한 축제 현장을 가로질러 연구실로 올라갔다. 오전 중에 할 일을 빨리 끝마치고 축제 구경을 갈 작정이었으나 밖이 소란해서인지 일이 손에 잡히지 않았다. 얼마 지나지 않아 사람들의 환호 소리가 점차 커졌고 나는 이내 컴퓨터를 끄고 뛰어 내려갔다. 오늘 축제의 하이라이트, 젖소들이 나오는 시간이었다. 사람들은 그새 수천 명으로 늘어 캠퍼스 안이 인산인해를 이뤘다. 그동안 핀란드에서 이렇게 많은 사람이 모인 것을 본 적이 없었다. 사람들은 소위 명당이라 할 수 있는 방목장 입구에 겹겹이 층을 두르고 서 있었고, 끝이 보이지 않을 정도로 넓은 방목장 울타리 주변을 빈틈없이 메운 채 소들이 나오길 기다리고 있었다.

나는 순간 방역이 걱정됐다. 당시 핀란드 아프리카돼지열병 예방을 위한 축산농가 방역 체계 구축 프로젝트를 맡아 진행하고 있던 터라 직업병이 발동한 것이다. 그간 연구한 농가 차단방역 이론에 비추어보면 도저히 용납할 수 없는 상황이었다. 축산농가의 차단방역은 질병의 유입, 확산, 전파를 막기 위한 모든 수단을 말한다. 특히 농장 외부 환경에서 유입되는 감염성 병원체 예방과 관련된 방역 조치는 유행성 질병으로부터 농가의 동물들을 보호하기 위해 필수적이다. 그런 면에서 지금 이 축제는 젖소들뿐만 아니라 우리 연구 농장에 있는 동물들에게도 매우 위협적인 요인이었다. 더욱이 당시에는 동유럽에서 발생한 아프리카돼지열병이 핀란드 주변 국가인 발트 3국과 러시아까지 확산하였고, 인수 공통 전염병인 소의 브루셀라와 결핵병 등도 심심치 않게 발생하고 있던 터라

돼지 복지

이 축제의 장이 나로서는 즐거울 수만은 없었다. 코로나19 시국에 빗대어 보자면, 인기 가수 콘서트장에 마스크도 쓰지 않고 참석한 상황이라고 할 수 있겠다.

나중에 알게 되었지만 이것은 비단 나만의 우려는 아니었다. 학교에서도 이를 대비하고 있었다. 실제로 축제를 마친 후 수의과대학 감염성 질병 연구팀은 일주일간 매일 동물들의 질병을 진단했고, 그 기간에 동물들은 기존에 지내던 사육장에 들어가지 않고 오랫동안 사용하지 않던 예전 사육장에서 지내면서 감염병 증상이 없는지 확인받았다. 이상 없음이 최종 확인된 후에야 본 사육장으로 이동하도록 조처한 것이다. 이처럼 학교도 나름의 방역 대책을 마련하고 있었다.

» 방목하는 날 행사에서 소를 쓰다듬는 시민들

축제의 열기는 점점 최고조에 달했다. 한 유제품 회사는 장내 아나운서를 앞세워 행사를 진행하고 있었다. 아나운서가 카운트다운을 시작하자 목초지에서 돗자리도 없이 앉아 간식을 즐기던 사람들이 일어서서 젖소들이 지나갈 길에 쳐놓은 울타리 앞으로 다가섰다. 아이들은 아빠 목마를 타고 고개를 높이 빼 들었다. 수천 명의 시선이 일제히 한곳에 쏠렸다.

그런데 소들은 카운트다운이 끝난 후 한참이 지나서도 모습을 보이지 않았다. 떠들썩하던 축제 현장은 이내 숨죽인 기다림으로 이어졌다. 참을성이 부족한 아이들은 왜 소가 나오지 않는지 엄마 아빠의 얼굴을 번갈아 쳐다보면서 물었지만, 어른들은 기다려 보자 혹은 어찌 된 영문인지 모르겠다는 표정으로 대답을 대신했다. 실은 나도 황소들이 광란의 질주로 사람을 쫓던 스페인 소몰이 축제와 같은 장면을 상상하고 있었기에 한껏 기대에 부풀어 있던 아이들에게 내가 괜스레 미안한 마음이 들었다. 그때 덩치가 큰 갈색 점박이 홀스타인 품종의 소 한 마리가 등장했다. 소는 수많은 사람의 시선에 어리둥절한 채 조심스레 한 발 한 발 천천히 발을 떼고 있었다. 장내 아나운서가 가라앉은 분위기를 다시 끌어올리려는 듯 무리 중 서열이 가장 높은 대장 소가 나왔다며 호응을 유도했다. 지켜보던 사람들은 용감한 대장 소의 등장에 박수와 환호를 보냈다. 대장 소는 계속해서 주변을 살피고 바닥의 냄새를 맡으며 방목장을 향해 천천히 움직였다.

뒤이어 두 번째 그룹의 소들도 모습을 드러냈다. 이들은 앞장

» 목초지로 뛰어가는 소

» 목초지 울타리 주변으로 사람들이 빼곡히 자리를 잡고 소들의 올해 첫 나들이를 구경하고 있다.

선 대장 소의 움직임을 살피며 눈치를 보고 있었다. 그때 대장 소가 양쪽으로 줄지어 서 있던 사람들의 시선에서 벗어나려는 듯이 갑자기 푸른 초원의 목초지를 향해 달리기 시작했다. 그러자 다른 소들도 힘찬 발길질을 하며 그 뒤를 따라 목초지로 향했다. 아이들은 환호성으로 소들의 발길질에 더욱 힘을 불어넣어 주었다. 그렇게 연이어 총 50여 마리의 소들이 차례차례 넓은 들판으로 달려 나갔다. 목초지가 낯익은 경험 많은 소들도 있었고, 이번 겨울에 태어나 처음으로 들판을 밟은 어린 소들도 있었다. 들판에 도착한 소들은 흥분해서 이리저리 달리기도 했고, 제자리에서 높이 점프하기도 했다. 서열에서 우위를 차지하기 위해 싸움을 거는 소, 그에 맞받아 힘껏 머리를 들이미는 소, 공격을 피해 도망가는 소, 오랜만에 마시는 바깥 공기를 즐기기 위해 허공에 입을 벌리고 좌우로 흔드는 소, 목초지의 풀을 음미하는 소 등 소들은 오래 기다린 관객의 기대에 호응이라도 하는 듯 다양한 행동을 보여주었다.

## 자유롭고 건강한
## 방목지의 소들

핀란드에서는 여름에 도시를 조금만 벗어나면 어디서든 방목된 소를 마주칠 수 있다. 소를 방목해 키워야 한다고 법으로 규정하고 있기 때문이다. 소는 눈 쌓인 춥고 긴 겨울 동안에는 실내 사육장에서 지내지만, 눈이 녹고 목초가 자라는 봄부터는 낮에 잠깐

» 비키 캠퍼스 방목지에 엎드려 쉬고 있는 젖소

이라도 방목지에서 지낸다. 방목된 소들은 신선한 풀을 뜯어 먹기 때문에 소화기관 내에 서식하는 유익한 미생물 수가 증가하여 소화 능력이 발달한다. 움직임이 활발해지면서 다리와 엉덩이 근육이 발달하여 건강한 체형을 유지하기도 한다. 또한 무엇보다 방목장에서 다양한 행동을 표현하면서 스트레스를 극복하고 긍정적인 경험을 더 많이 할 수 있다. 그로 인해 더 잘 쉬고, 더 편안하게 잠을 잔다. 이러한 방목의 긍정적인 효과들은 소의 면역력을 향상시킨다. 인위적으로 면역 증강 물질을 합성 첨가제나 동물약품을 통해 사료에 첨가하지 않아도 방목을 하면 소의 강건성이 향상되어 질병 저항력이 높아지는 것이다.

이날부터 젖소들은 밤에는 사육장에 들어가서 쉬다가 아침 8시 로봇 착유기로 젖을 짜고 나면 바로 이곳 목초지로 나와 낮 시간을 보냈다. 젖소들의 목에는 센서가 부착된 목걸이가 걸려 있다. 젖소들의 움직임을 분석해 풀을 먹는 시간, 누워서 쉬는 시간, 앉아 있는 시간, 걸음걸이, 움직이는 자세 등을 파악하고, 일상적인 건강 상태부터 번식을 위한 발정 징후까지 파악할 수 있는 '정밀 가축 사양PLF: Precise Livestock Farming'을 위한 스마트기기다. 목동이 하루 종일 소들을 관찰해야 알 수 있던 정보들을 센서가 대신 수집해 주는 것이다.

목동이 필요 없는 시대가 되었지만 나는 점심때만 되면 목초지로 샌드위치를 들고 나와 소들을 관찰하며 시간 가는 줄 모르고 점심시간을 즐겼다. 젖소들은 넓은 초원에 흩어지지 않고 한곳에 모여 있다. 주위의 풀을 입맛에 따라 골라서 먹은 후에는 대부분의 시간을 엎드린 자세로 섭취한 풀을 되새김질하면서 보내기 때문에 젖소들의 행동은 느릿느릿 여유가 철철 넘친다. 그 모습을 보며 나도 저절로 힐링이 되었다. 문득 점심시간을 제외하면 하루 종일 연구실에만 처박혀 있는 나보다 저 소들이 더 좋은 삶을 살고 있는 건 아닐까 하는 생각도 들었다.

# 복지 조율과
# 복지 향상

    박사 과정을 시작하던 해 가을, 영국 옥스퍼드대학교에서 도널드 브룸Donald Broom 교수의 '농장동물 복지의 이해Understanding Farm Animal Welfare' 과목을 수강했다. 도널드는 케임브리지대학교의 명예교수로 농장동물 복지를 연구하는 사람들이 동물복지의 정의와 개념을 이해하는 데 그의 이론을 가장 많이 인용할 정도로 해당 분야에서 손꼽히는 학자이다.

    수업은 수강생들이 먼저 자신의 연구에 대해 발표하면, 그 주제를 가지고 토의하는 형식으로 진행됐다. 나는 캐나다 프레리 양돈센터Prairie Swine Centre에서 연구원으로 근무하면서 진행했던 연구에 관해 발표했다. 해당 연구에서는 캐나다 중부 지역에서 생산됐지만 사람이 소비하기에는 상품 가치가 떨어지는 작물을 돼지 사료로 이용했다. 이때 사료에 소화 효소 기능이 있는 허브 추출물을 첨가했고, 그 사료가 돼지의 영양 및 대사성 스트레스 지수를 낮출 수 있는

지 알아보고자 했다. 나는 돼지의 스트레스를 평가할 수 있는 코르티솔 측정값이 줄어든 일부 연구 결과를 발표하면서 이를 통해 돼지의 복지가 향상됐음을 알 수 있다고 결론지었다. 도널드 교수는 입가에 엷은 미소를 띠며 내게 물었다. 코르티솔 측정값이 낮게라도 측정되었으면 그것도 어쨌든 돼지가 스트레스를 경험하고 있다는 뜻 아니냐며 나를 당황스럽게 만들었다. 그러면서 복지의 조율compromise과 향상enhancement의 차이에 대한 주제로 강의를 시작했다.

## 복지 조율,
## 부정적 경험의 최소화

먼저 복지 조율welfare compromise은 동물이 경험하는 불쾌한 감정이나 스트레스를 최소화하는 것을 의미한다. 따라서 동물복지를 조율한다는 것은 이미 동물에게 복지 문제가 존재함을 전제로 한다. 복지를 조율하기 위해서는 먼저 동물의 복지 수준을 떨어뜨리는 요인들을 인지하고 측정할 수 있어야 한다. 예를 들면, 충분한 양의 사료가 공급되지 않아 돼지가 배고픔을 느끼거나 공간이 협소해 편안히 누워 쉬거나 동료들과 노는 행동을 할 수 없을 때, 몸의 상처를 제때 치료받지 못해 통증과 스트레스를 견뎌야 할 때, 또는 이렇게 생존과 밀접하게 연관되지 않았더라도 정서적으로 초조함, 패닉, 좌절감, 무기력, 따분함, 우울감, 외로움과 같은 부정적인 감정을 경험하는 것도 복지 수준을 떨어뜨리는 요인으로 볼 수 있다.

복지 문제를 일으키는 여러 요인들은 주로 행동학적, 해부학적, 생리학적, 병리학적, 임상학적 측정 지수로 평가할 수 있다. 예를 들면, 사료를 먹지 못해 배고픔을 느끼는 돼지는 행동학적으로 동료들에게 거친 행동을 많이 하고 이것이 장기화하면 무기력한 모습을 보일 수 있다. 또한 영양 불균형으로 인해 체형이 마르고 피부나 털이 거칠어지는 것이 관찰될 수 있으며, 스트레스와 연관된 호르몬 농도가 높은 값을 보일 수 있다. 이렇게 측정된 값을 바탕으로 해당 돼지의 복지 문제를 평가할 수 있다.

만일 관리자가 이러한 복지 문제를 발견하고, 이를 개선하기 위해 돼지에게 충분한 양의 사료를 급여해 주면 상황은 어떻게 변할까? 배고픔을 느끼던 돼지는 사료를 충분히 먹은 후에는 동료들에게 거친 행동을 덜 할 것이고, 무기력한 모습도 덜 보일 것이다. 또한 체형도 덜 마를 것이고 피부나 털도 덜 거칠어질 것이며 스트레스 호르몬 농도도 낮게 측정될 것이다. 다시 말해, 앞서 복지 문제를 평가하기 위해 측정한 값들이 대체로 낮아지는 경향을 보인다는 것이다. 이것이 복지 조율의 의미다. 복지 조율은 복지 문제를 야기하는 요인들을 발견하고 그 상황을 개선하는 것을 가장 큰 목표로 한다. 그렇기 때문에, 동물이 경험하는 부정적인 감정을 최소화하는 데 기여할 수 있다.

그러나 복지 조율은 부정적인 요소들을 완화하는 데 그칠 뿐, 긍정적인 요인을 향상시키는 데는 한계가 있다. 앞서 배고픈 돼지를 예로 들어 설명하자면, 배고픔으로 인한 돼지의 부정적인 감정

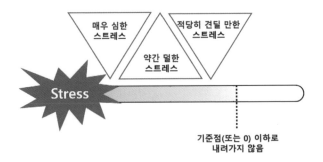

매우 심한
스트레스

적당히 견딜 만한
스트레스

약간 덜한
스트레스

Stress

기준점(또는 0) 이하로
내려가지 않음

» 복지 조율은 동물이 불쾌한 감정이나 스트레스를 경험하고 있는 것을 전제로 하고, 이를 최소화하
는 것을 목적으로 한다. 이는 스트레스를 완화하는 데 그칠 뿐, 기준점 이상 긍정적인 상태로의 개
선까지 고려하진 않는다.

은 스트레스 호르몬 수치가 증가하는 것으로 측정할 수 있다. 그
러나 관리자가 충분한 양의 사료를 급여하더라도 스트레스 호르
몬 농도는 더 낮아질지언정 기준점 혹은 '0' 이하로 내려가지 않는
다. 이러한 방식으로는 돼지가 현재 충분한 양의 사료를 먹고 있어
도 매우 심한 스트레스, 약간 덜한 스트레스, 혹은 적당히 견딜 만
한 스트레스를 경험하는 것으로만 평가될 수 있다. 쉽게 말해, 아무
리 잘해야 본전(기준점)인 셈이다. 앞서 내가 발표했던 연구도 마찬
가지다. 코르티솔 측정값으로 돼지의 상태를 평가하는 연구는 허
브 추출물 사료 첨가제가 불량한 사료를 섭취하면서 겪게 되는 스
트레스 상황을 줄여줄 수 있음을 규명하는 것이기 때문에 복지 조
율을 위한 연구라고 할 수 있다.

# 복지 향상,
## 긍정적 경험의 최대화

그렇다면 동물의 복지를 실질적으로 향상하기 위해서는 무엇이 필요한가? 도널드 교수는 계속해서 복지 향상welfare enhancement에 대한 설명을 이어나갔다. 복지 향상은 복지 조율에서 다루지 못한 긍정적인 경험을 통해 동물의 복지 수준을 향상하는 것을 의미한다. 이는 부정적인 감정이나 스트레스의 부재가 아닌 실질적으로 좋은 복지 상태를 의미할 수 있는 긍정적인 감정을 동물이 경험할 수 있도록 한다.

동물의 이러한 감정은 정서에 긍정적인 자극을 줄 수 있는 보상 행동을 통해서 생성된다. 보상 행동은 주변 환경 탐구, 먹이 습득, 동료들과의 교감, 자식 돌봄, 교미 등의 활동을 뜻한다. 동물들은 이러한 행동을 통해 성취감, 신뢰감, 만족감 같은 긍정적인 감정들을 경험하게 된다. 따라서 동물의 복지 수준을 향상하기 위해서는 동물이 이러한 행동을 표현할 수 있는 환경이 제공되어야 한다.

양돈장도 마찬가지다. 현대식 생산 시스템에서 돼지의 복지를 실질적으로 향상하기 위해서는 보상 행동을 충분히 표현할 수 있는 환경이 필요하다. 앞서 살펴보았던 핀란드 규따야 동물복지형 농장의 분만사는 분만틀이 개방되어 있고 바닥에는 둥지 짓기를 위한 재료들이 놓여 있었다. 이러한 환경에서 어미 돼지는 행동 억제로 인한 스트레스를 겪지 않아도 된다. 이와 동시에 어미 돼지는 분만 전 본능적인 둥지 짓기 행동을 할 수 있고 분만 후에는 새끼를 돌보며 함께 교감할 수 있다. 이때 어미 돼지는 안락함, 유쾌함, 흥미, 신뢰감 등 정서적으로 긍정적인 감정을 경험한다. 이때 어미 돼지의 복지 수준은 조율에서 그치지 않고 적극적으로 향상된다.

# 농장동물에게
## 좋은 삶이란?

　도널드 교수는 앞서 언급한 복지 조율과 향상의 개념을 인용해 마지막으로 농장동물에게 좋은 삶이란 무엇인지에 대해 수강생들과 토의를 이어나갔다. 그리고 이 물음에 답하기 위해 자신이 2009년에 제안한 부정과 긍정의 이론negative and positive theory을 설명했다. 부정과 긍정의 이론을 한마디로 정리하면, 삶에 부정적인 경험이 많으면 복지 수준이 떨어지는 삶이고 반대로 긍정적인 경험이 많으면 좋은 삶, 가치 있는 삶이라 여기는 것이다.

　도널드 교수는 교통사고로 하반신을 사용할 수 없게 된 한 여성의 삶을 예시로 들면서 그의 이론을 설명했다. 이 여성은 사고 이후 걸을 수 없어 다니던 직장에 매일 출근하기가 어려워졌다. 집에서 홀로 보내는 시간이 많아졌고 임금도 점점 줄어 생활고를 겪게 되었다. 단편적으로 이 상황만 놓고 보면 이 여성은 교통사고 이후 부정적인 경험을 많이 겪고 있으므로 복지 수준이 떨어진 상태이다. 이 여성의 복지 수준을 어떻게 개선할 것인가? 먼저 부정적인 경험을 겪게 하는 요인들을 개선해 볼 수 있다. 예를 들면 전동 휠체어나 무료 택시 서비스를 지원해 하반신 마비로 겪게 된 부정적 상황의 요인들을 이전 상태로 복구하는 것이다.

그러나 이러한 지원은 떨어진 복지 수준을 회복하는 것에 그칠 뿐, 아무리 최고급 전동 휠체어를 지원하고 필요할 때마다 최신 사양의 택시를 무상으로 지원하더라도 이 여성의 삶은 과거보다 편안해질 수는 없다. 이 상황에서 여성의 삶을 더 좋게, 편안하게 만들기 위해서는 불편한 부분에 집중하기보다 긍정적인 감정들을 경험하게 해야 한다. 이 여성이 평소 문화 공연을 좋아했다면 오페라나 발레 공연을 관람할 기회를 제공해 즐겁고 유쾌한 감정을 경험하게 함으로써 이 여성의 삶을 긍정적인 방향으로 이끌 수 있다.

농장동물도 마찬가지다. 그들에게 좋은 삶이란 복지 조율과 향

» 분만틀 감금 사육(왼쪽)과 자유 분만사(오른쪽). 어미 돼지는 자유 분만사에서 보상 행동을 더 자유롭게 표현하며 긍정적인 감정을 경험할 수 있다. 그러나 이곳에서도 깔림 사고나 건강 문제 방치 등으로 인해 부정적인 감정을 겪을 수 있다.

돼지 복지

상을 모두 고려하면서도, 향상에 더욱 초점이 맞춰진 상태로 보아야 한다. 앞서 살펴본 것처럼, 어미 돼지는 분만틀 감금 사육에 비해 분만틀이 없는 자유 분만사free farrowing에서 둥지 짓기 행동이나 분만 후 젖 먹이기 행동, 돌봄 행동 등을 더 자유롭게 표현하기 때문에 더 자주 긍정적인 감정을 경험한다. 반면 자유 분만사에서는 어미 돼지가 질병이나 건강 문제가 있을 때 관리자가 이를 늦게 파악할 위험이 있으므로 어미 돼지는 그로 인한 통증 및 스트레스를 오래 겪어야 할 수도 있다. 또한 자유 분만사에서 어미 돼지가 움직이거나 누울 때 새끼 돼지들의 깔림 사고가 보다 빈번히 발생할 수 있는데, 이로 인해 부정적인 감정을 겪을 가능성도 높아진다.

이처럼 최적의 환경에서도 동물들은 여러 이유로 부정적인 감정을 경험할 수 있고, 마찬가지로 보상 행동이 언제나 긍정적 감정을 생성하지도 않는다. 그래서 농장동물의 좋은 삶 혹은 가치 있는 삶을 보장하기 위해서는 그만큼 관리자의 책임과 역할이 중요하다. 관리자는 자기가 관리하는 동물의 자연 습성을 이해하고, 이를 바탕으로 열악한 환경으로부터 동물이 겪는 스트레스를 최소화하면서, 보상 행동을 표현할 수 있는 환경을 만들어야 한다. 그렇게 복지 조율과 향상, 둘 사이의 균형을 잘 맞춰나가는 것. 이것이 농장동물의 좋은 삶을 보장하는 전제 조건이다.

어느 날, 여느 때처럼 젖소들을 관찰하며 점심을 즐기고 있었다. 그런데 늘 어미 젖소 곁에 따라다니던 송아지들이 그날은 안 보였다. 이유離乳를 한 것이다. 우리나라의 일반 상업 농장이었더라면 태어나서 며칠 안 돼 어미로부터 떨어져 허치<sup>hutch</sup>라고 하는 송아지 개별 사육장에서 지냈을 테지만, 이곳의 송아지들은 2~3개월 동안 어미와 함께 지낸다. 이후에는 어미와 분리해서 송아지들로만 그룹을 형성해 사육하고, 방목할 때도 어린 송아지들은 소화기관 발달에 좋은 목초를 심어놓은 높은 곳에 따로 방목한다. 송아지들이 분만을 하고 젖이 나올 만큼 성장하면 다시 어미가 있는 그룹에 합류하기도 한다.

이유를 한 날, 나는 방목장에서 마주한 어미 소들의 행동을 더욱 유심히 관찰했다. 이유는 송아지뿐만 아니라 어미 소가 사육 기간 중 겪는 가장 큰 스트레스라고 알고 있어서 그날은 어미들의 행동에 특이한 점이 관찰될 것으로 기대하고 있었다. 그러나 어미 소들은 평소처럼 여유로웠다. 마치 넓은 방목지에서 평온한 일상을 즐기면서 새끼를 떼어내며 받은 스트레스를 스스로 치유하고 있는 것처럼 보였다. 그 모습을 지켜보며 동물의 삶에 긍정적인 감정을 경험할 수 있는 환경이 얼마나 중요한지 되새겨 보게 되었다.

# 국내 1호
# 동물복지 인증 양돈장

상업 농가의 농장주와 관리자는 농장동물의 좋은 삶에 관심이 있을까? 자신들의 편의와 수익을 올리는 데 관심이 더 쏠리는 게 당연하지 않나? 꼭 그렇지만도 않다. 실제로 그들 중 상당수는 자신과 함께 생업을 이뤄가는 농장동물에게 좋은 삶을 살게 해주기 위해 최선을 다하고 있다. 경상남도 거창에 소재한 더불어행복한농장도 그중 하나이다. 더불어행복한농장은 농림축산식품부에서 동물복지 축산농장 인증제도를 시행한 이후 양돈장 개인 사업자로서는 최초로 인증을 통과한 곳이다. 그 덕에 동물복지 인증농장 양돈 축산물 1호라는 타이틀로 상당히 많은 명성을 얻었다.

내가 더불어행복한농장의 김문조 대표를 처음 만난 것은 2017년 10월, 핀란드에서 박사 후 연구원으로 근무할 때였다. 당시 나는 한국에 2주간 방문하면서 경상남도에 위치한 한 대학의 양돈 농업마이스터 과정의 강연에 강사로 초청됐다. 수강생들에게 양돈 분야를 중심으로 동물복지의 개념과 유럽의 동물복지 연구에 대해 소개하는 강의였는데, 그때 김 대표도 수강생으로 참석했다. 그는 강의실 맨 앞에 앉아서 눈에서 레이저가 나올 듯한 기세로 강의를 들었고 강의 후에도 많은 질문을 던진 열의 넘치는 수강생이었다.

그를 두 번째로 만난 것은 이듬해 그의 농장에서였다. 나의 지도 교수였던 핀란드 헬싱키대학교의 올리 펠토니에미Olli Peltoniemi 교수와 함께 학회 강연차 한국을 방문했을 때였다. 나는 올리에게 우리나라의 동물복지형 양돈장을 보여주고 싶은 마음에 김 대표에게 미리 연락해 두었다. 한편으로는 빡빡한 일정 중 머리 좀 식힐 겸 가볍게 양돈장이나 구경하려던 참이었다. 그런데 김 대표가 동물복지의 개념조차 생소한 우리나라에서 동물복지 인증농장을 유지하기 위해 그간 겪었던 애로 사항들을 쏟아내기 시작하면서 우리 일정은 계획보다 훨씬 지연됐다. 마치 그는 돼지의 좋은 삶을 위해 자신이 매우 진지하게, 열심히 고민했던 부분들을 검토받고 싶어 하는 학생 같았다. 그런 그의 열정을 존중해 나와 올리는 유럽의 사례를 들어 관리적인 부분에서 최대한 도움이 되길 바라는 마음으로 열심히 답변해 주었다.

## 시행착오로 완성된
## 시기별 개방 분만사

이후 4년 만에 그의 농장을 다시 찾았다. 내가 교수로 임용된

후 대학원생들과 함께한 만남이었다. 실험실에서 연구만 하는 학생들에게 돼지의 좋은 삶을 고민하고 실현하는 생산자를 보여주고 싶었다. 오랜만에 만난 김 대표는 우리 일행을 반갑게 맞아주었다. 이유는 모르겠지만 표정에서 그전보다 한결 여유가 느껴졌다. 그는 우리를 사무실로 안내해 주었고 자리에 앉자마자 역시나 기다렸다는 듯이 많은 말을 쏟아냈다. 그의 열정은 예나 지금이나 여전했다. 달라진 점은 대화의 주제와 방향이었다. 지난번 올리와 방문했을 때는 동물복지형 사육 환경의 관리적인 어려움을 주로 토로했는데, 이번에는 그간의 시행착오를 바탕으로 비로소 관리 체계를 안정화해 간 과정을 차분히 설명했다.

사무실에서 한 시간 넘게 이야기를 나눈 후, 김 대표는 우리를 분만사로 안내했다. 당시 나와 학생들은 연구를 위해 여러 양돈장을 다니고 있었고, 또 그 당시 새끼 돼지 유행성 설사병이 확산하고 있던 터라 분만사 방문은 기대하지 않았다. 보통 양돈장은 면역력이 약한 새끼 돼지의 전염성 질병 감염을 우려해 방문객들의 분만사 방문을 꺼린다. 이런 상황에서 김 대표가 굳이 분만사를 보여주겠다고 하는 건, 그만큼 방역과 질병 관리에 자신 있다는 뜻이었다.

분만사에는 많은 변화가 있었다. 4년 전 방문했을 당시 분만사는 분만틀이 없는 자유 분만사 형태였다. 그런데 지금은 개방형 분만틀을 이용하고 있었다. 직접 덴마크에서 들여온 장비라고 했다. 이곳에서는 어미 돼지가 분만을 시작하면 일주일 동안 분만틀을 닫아 가둬서 사육한다고 했다. 기존 분만틀 사육과 다를 바 없는 방식이다. 하지만 이후 일주일이 지나면 새끼들이 4주령이 되어 젖을 뗄 때까지 분만틀을 개방해서 어미 돼지에게 펜 안에서 자유롭게 움직일 수 있는 공간을 주고 있었다.

김 대표는 개방형 분만사로 바꾼 이유에 대해 이렇게 설명했다. '현재 사육되고 있는 어미 돼지들은 분만하는 새끼 수를 늘리기 위해 꾸준히 개량되면서, 평균 200kg이었던 몸집이 300kg 이상으로 커졌다. 반면에 태어나는 새끼 수는 많아졌지만 체중은 평균 1.2kg 정도로 예전에 비해 많게는 절반 가까이 작게 태어난다. 그러면서 육중한 어미 돼지의 몸에 새끼가 깔려 죽는 압사 사고가 더욱 빈번하게 발생하기 때문에 이를 방지할 필요가 있었다.'

나는 그에게 개방형 분만사에서 분만 직후 잠시 가둬두는 관리 방법을 연구한 덴마크 오르후스대학교 연구팀의 연구 내용을 소개해 주었다. 결론부터 말하자면 임신 기간 동안 군사사육으로 자유롭게 활동했던 어미 돼지는 분만 직후 잠깐이더라도 분만틀에 갇히면 더 큰 스트레스를 받을 수 있다. 분만틀은 어미 돼지가 산통을 완화하기 위해 본능적으로 몸의 자세를 바꾸는 행동이나 새끼들과 교감하는 행동을 방해하기 때문이다. 이로 인한 스트레스는 어미 돼지의 모성애를 떨어뜨리고 유선 발달도 더디게 하는데, 그래서 새끼들은 젖을 더 못 먹게 되고 강건성도 떨어져 이유 전 폐사하는 비율이 높아진다. 반면에 분만틀을 항시 개방해 두면 분만 직후 3일 이내까지는 깔림 사고가 분만틀에 가둬둔 상태보다 증가할 수 있지만 영양실조나 질병으로 인한 폐사를 줄일 수 있기 때문

» 개방형 분만틀. 분만할 때가 되면 새끼들이 어미 돼지에게 깔리는 사고를 예방하기 위해 분만틀을 닫는다(위). 분만 후 일주일 정도가 되면 다시 분만틀을 개방한다(아래).

에 살아서 이유하는 새끼의 수는 차이가 없다.

김 대표는 내 설명에 연신 고개를 끄덕였다. 그 역시 그 내용을 이미 알고 있었다. 다만 김 대표는 그래도 지금처럼 다산성으로 개량되면서 몸집이 커진 어미 돼지에게 분만틀을 상시 개방하기는 어렵다고 했다. 새끼들이 어미에게 깔려 죽는 것을 그냥 보고만 있을 수 없는 노릇이니 말이다. 대신 그는 분만틀에 갇힌 어미 돼지의 스트레스를 줄이기 위한 노력도 하고 있었다. 김 대표는 나에게 천자루 하나를 내밀면서 미소를 지어 보였다. 천 자루는 분만틀에서 사육하는 어미 돼지의 둥지 짓기 행동을 유도하기 위한 것이었다.

김 대표가 둥지 짓기 행동의 중요성에 대해 이해하게 된 데에는 내가 5년 전 진행했던 강연의 영향이 있었다고 했다. 그전까지는 분만틀에 갇힌 어미 돼지의 둥지 짓기 행동을 보는 것이 쉽지도 않았지만, 가끔 비슷한 행동을 보이더라도 대수롭지 않게 여겼다. 그러다 스스로 둥지 짓기 행동에 대해 검색해 보면서 그 중요성을 이해할 수 있었고 자기 돼지들에게도 둥지 짓기 행동에 필요한 환경을 마련해 주어 욕구를 해소해 주어야겠다고 생각했다.

그러나 우리나라 대부분 양돈장처럼 더불어행복한농장의 분만사 역시 바닥이 뚫려 있는 슬랫 구조였다. 이러한 바닥에서는 둥지 짓기 행동 촉진에 효과적이라고 알려진 지푸라기, 톱밥, 왕겨 등을 제공해 주기가 어렵다. 이 물질들이 분뇨와 섞여 배수관을 막을 수 있기 때문이다. 김 대표는 대안으로 천 자루를 선택했다. 인터넷에서 네덜란드 바겐닝헨대학교의 연구팀이 천 자루를 활용해 둥지 짓기 행동을 연구한 것을 보았고, 이를 공부해 직접 시험해 본 것이었다. 결과는 기대 이상이었다. 어미 돼지들의 둥지 짓기 행동이 눈에 띄게 활발해진 것을 직접 확인할 수 있었다. 어미 돼지들을 잠깐이지만 분만틀에 가둬야 했던 심적인 불편함이 있었는데, 이렇게라도 조금이나마 본능적인 행동을 해소해 준 것 같아 매우 만족한다고 했다. 그는 덧붙여 이로 인해 분만사의 생산성이 더욱 향상된 것 같다고도 했다.

## 공간은 나누고
## 사료 급이기는 2배로

분만사에서 발길을 돌려 임신사로 향했다. 개인적으로 이곳 상황이 제일 궁금했다. 4년 전에 방문했을 때 임신사 관리가 매우 어려웠던 것으로 기억하기 때문이다. 당시 우리나라 양돈장에서는 군사사육에 대한 정보가 부족해 관리에 어려움을 겪고 있었다. 그 중에서도 임신한 어미 돼지들의 서열 싸움과 먹이 경쟁으로 수태율(그룹 내 임신돈 비율)이 떨어지는 것이 가장 곤란한 부분이었다. 군사사육 초반에는 당시 업체의 권유대로 어미 돼지 40마리당 ESF 한 대를 설치했는데, 싸움이 너무 심해 40마리당 4대로 늘렸다고 한다. 그래도 싸움을 막을 수 없었고, 수태율은 40%대로 떨어졌다. 4년 전 나와 올리가 방문했을 때 그는 이미 군사사육 방식으로 임신돈을 관리하는 것에 대해 지칠 대로 지친 상태였다.

올리는 가장 먼저 어미 돼지들이 교배 후 2주 만에 군사방에서 합사하는 것을 문제로 지적했다. 적어도 수정란이 착상하는 기간인 교배 후 4주 이상은 스톨에 가둬서 안정을 취하게 하는 게 좋겠다고 했다. 올리는 덧붙여 어미 돼지들의 ESF 적응을 위한 훈련의 필요성, 출산 경력과 체중에 따른 그룹핑 등 문제를 해소할 방안들을 몇 가지 더 언급했다. 당시 김 대표가 돼지들에게 좋은 환경을 만들어주기 위해 시작한 군사사육이 되레 싸움을 부추겨 돼지들의 스트레스를 가중시키는 것 같다며 안타까워하던 기억이 문득 떠올랐다.

그 후 4년 만에 임신사를 다시 볼 수 있었다. 40마리가 한 펜에서 사육되던 공간을 중앙 펜스로 구분해 둘로 나눴고 각 펜에 15마리에서 20마리 정도의 규모로 군사사육을 하고 있었다. ESF는 펜당 4대가 설치되어 있었고, 이는 기존보다 2배 늘린 것이었다. 김 대표는 현재 싸움은 거의 일어나지 않고, 인공수정 후 수태율도 90% 이상으로 유지되고 있다며 뿌듯해했다. 그의 말을 들으면서 어미 돼지의 몸 상태를 살펴보았는데 실제로 싸움으로 인한 상처 흔적은 보이지 않았다. 왕겨가 두툼히 깔린 푹신한 바닥에서 평온히 지내는 어미 돼지들을 보니 싸움은 마치 다른 세상의 고민거리처럼 느껴졌다.

임신사 외벽에 어깨를 걸치고 김 대표와 이런저런 이야기를 나누고 있을 때, 어미 돼지 한 마리가 어슬렁어슬렁 걸어왔다. 아래턱을 오므려 미소를 짓고 있었다. 동물복지형 농장의 돼지들에게

» 더불어행복한농장의 임신사. 펜당 15~20마리 규모로 군사사육을 하고 있다.

» 미소 짓는 임신돈. 사료 급이기 앞에서 차례를 기다리는 어미 돼지들 중 한 마리가 미소를 지으며 다가왔다.

서 볼 수 있는 흔한 표정이다. 내가 손을 내밀자 냄새를 킁킁 맡고
는 이내 코를 비비댔다. 관행적인 방법으로 관리된 돼지였다면 우
리가 기대고 있던 펜스에서 가장 멀리 떨어진 구석으로 이동해 우
리를 경계하고 있었을 것이다. 하지만 이렇게 돼지가 관리자와 낯
선 방문객에게 친근하게 다가오는 것을 보며, 평소 김 대표와 직원
들이 동물들을 어떻게 관리했는지 말하지 않아도 알 수 있었다.

## 돼지 본연의 행동을
## 표현할 수 있는 비육사

임신사에서 내려와 비육사로 향했다. 더불어행복한농장은 야산
끝자락에 터를 잡아서 부지가 평평하지 않다. 그래서 각 돈사를 다
닐 때는 넓지 않은 농장 안에서도 오르락내리락해야 했다. 비육사
는 지대가 가장 낮은 곳에 있었다. 비육돈들이 출하할 때 외부 차
량이 접근하기 좋은 위치에 자리한 것이다. 임신사가 다세대 주택
의 2층이라면 비육사는 마치 그 주택의 반지하 같았다. 이러한 구
조적 특성 때문에 비육사는 돈사 안에 들어가지 않아도 윈치커튼
식 창문을 통해 한눈에 내려다볼 수 있었다. 이곳은 이 농장에서
내가 가장 좋아하는 장소이다. 옹벽에 어깨를 걸치고 돼지들의 움
직임을 바라보고 있으면 시간 가는 줄 모른다. 잠깐이었지만 바닥
을 코로 파헤치고 그곳에 얼굴을 파묻는 돼지, 마치 달리기 시합이
라도 하는 듯 나란히 전력으로 달리는 돼지들, 낯선 방문자들의 시

선이 느껴졌는지 우리 쪽을 보면서 쩔쩔대는 돼지, 다른 애들이 뭘 하든 간섭하지 않고 편안히 누워서 휴식을 만끽하는 돼지 등 다양한 돼지의 행동들이 눈에 들어왔다.

비육사의 바닥에는 왕겨와 보릿짚이 두툼히 깔려 있었다. 김 대표는 비육사 깔짚으로 사용할 물질들을 여러 가지 비교해 본 결과 왕겨와 보릿짚의 조합이 가장 좋았다고 말했다. 돼지들은 간간이 왕겨와 보릿짚을 섭취함으로써 식이 섬유소를 보충할 수도 있다. 사실 식이 섬유소는 빠른 성장을 목표로 최상의 조합으로 배합된 현대 양돈 사료에서는 회피하는 성분이다. 섬유소는 단위동물인 돼지가 섭취했을 때 포만감을 느끼게 해 전체 사료 섭취량을 떨어뜨리고 소화율도 떨어뜨리기 때문이다. 하지만 적정량의 섬유소는 장내 미생물들의 먹이가 되기 때문에 장내 유익균의 증식을 도와 소화와 면역력 증강에 도움이 된다는 사실이 최근 연구에서 밝혀지고 있다.

김 대표가 왕겨와 보릿짚을 깔짚으로 주는 이유는 무엇보다 돼지들 본연의 행동을 표현할 수 있는 환경을 만들기 위함이었다. 깔짚이 충분한 환경에서는 앞발과 코를 이용해 땅을 파서 근괴 식물이나 작은 동물들을 잡아먹는 돼지의 본능적인 섭식 행동을 그대로 표현할 수 있다. 성취감, 유쾌함, 흥미와 같은 긍정적인 감정을 돼지들에게 느끼게 해주기 위한 그의 세심한 배려를 엿볼 수 있는 부분이었다.

돼지들의 밝은 표정들을 보니 문득 유럽의 동물복지형 농장들을 방문했을 때가 생각났다. 이런 농장들은 돼지뿐만 아니라 일하는 관리인도 모두 표정이 밝다. 이는 관리가 잘된 동물복지형 농장의 공통된 특징이다. 이날도 낮 기온이 30도가 넘는 폭염이 기승을 부릴 때였다. 저 멀리서 사료 급이기를 청소하던 외국인 직원이 우리를 발견하고는 반갑게 웃으며 한국말로 '안녕하세요' 하고 소리쳤다. 덩달아 기분이 좋았다. 마치 돼지들의 밝은 표정이 관리인을 거쳐 나에게 전달되는 것 같았다. 동물들에게 좋은 삶을 보장해 주기 위한 우리의 노력이 동물뿐만 아니라 우리를 더 나은 삶으로 이끌고 간다는 생각을 새삼스레 떠올리게 된 순간이었다. 그러고 보니 김 대표가 건넨 명함 뒷면에 이런 문구가 적혀 있었다.

"돼지가 행복하고, 농민이 행복하고, 소비자가 행복한 더불어 행복한 농장."

» 옹벽에서 내려다보이는 비육사 내부 전경. 25kg 육성돈이 비육하여 출하될 때까지 사육되는 곳이다.

# 6장

## 동물복지형 농장을 기획하다

# 핀란드 양돈 산업의 위기와
# 올릭깔라 농장

 

동물을 행복하게 하고 사람을 위한다는 게 말처럼 쉽진 않다. 앞서 말한 것처럼 돼지가 눕는 자리에 지푸라기를 조금 깔아준다거나 관리자가 따뜻한 마음가짐으로 동물을 대한다고 해서 될 일이 아니기 때문이다. 농장주는 실제 농장을 경영해 수익을 내야 하는 입장이기에 관행을 깨고 농장을 전면적으로 탈바꿈하려면 엄청난 결단이 필요하다. 5장에서 소개한 더불어행복한농장은 애초에 동물복지형 농장을 목표로 시작한 농장이다. 아마 이 책을 읽고 있는 농장주들은 동물복지형 농장이 되기 위해서는 시설을 개조하는 것보다 차라리 농장을 새로 짓는 게 낫다고 할지도 모르겠다. 이 장에서는 관행 농장에서 동물복지형 농장으로 탈바꿈한 핀란드의 한 농장을 소개하고자 한다.

야리 올릭깔라Jari Ollikkala는 핀란드에서 삼대째 양돈장을 운영하고 있는 베테랑 농장주이다. 야리의 농장은 헬싱키에서 차로 40분

» 올릭깔라 농장 전경

정도 떨어진 비흐띠Vihti에 자리 잡고 있는데, 헬싱키대학교 수의과
대학과 거리가 가까워서 우리가 실험 농장으로 이용하면서 많은 협
조를 받았다. 내가 야리를 처음 만난 것도 박사 과정 3년 차쯤에 수
의과대학장 올리 교수와 새로운 프로젝트를 진행하기 위해 농장에
방문했을 때였다. 야리의 첫인상은 키가 훤칠하고 영화배우 같은
미남형이어서 기존에 만났던 농장주들과는 분위기가 사뭇 달랐다.
사무실에서 인사를 나눌 때도 세련된 가구와 사무기기들이 매우 깔
끔하게 정리 정돈 되어 있어서 양돈장에 와 있는 것 같지 않았다.

　야리의 농장은 원래 임신한 어미 돼지만 사육하는 농장이었다.
어미 돼지들이 분만할 때가 되면 트럭에 태워 길게는 두 시간 거리
에 있는 위성satellite 농장으로 보낸다. 어미 돼지들은 위성 농장에서
분만을 하고 태어난 새끼들이 약 4주령이 될 때까지 젖을 먹인 후
다시 야리의 농장으로 돌아온다. 그러면 야리는 인공수정으로 다

돼지 복지

시 돼지들을 교배시키고 그 돼지들의 임신 기간 관리를 맡는다. 이런 식으로 야리의 농장은 주변 5개 위성 농장에서 필요로 하는 어미 돼지들의 교배와 임신기를 관리하는 임신 전문 농장이었다.

이 때문에 동물 번식학 분야에서 세계적으로 저명한 올리는 야리의 농장에서 양돈 번식과 관련한 연구를 하는 데 많은 협조를 얻을 수 있었다. 동시에 야리는 올리로부터 최근 어미 돼지의 품종에 따른 교배 시기, 정액 채취, 수정률, 임신기 관리 등 많은 부분에서 컨설팅을 받을 수 있었다. 두 사람의 관계는 동갑내기 친구이자 전략적 동반자이기도 했다.

## 돼짓값 하락과
## 폐업 위기의 농장

야리는 행동이 민첩하고 매우 부지런했으며 양돈 관리자로서도 이미 훌륭한 자질을 갖춘 사람이었다. 내가 야리의 농장을 동물복지형 농장으로 변신시키기 전까지만 해도 농장을 큰 어려움 없이 경영하고 있었다. 그러나 야리의 농장에도 위기의 순간이 찾아왔다. 사실 야리의 농장뿐만 아니라 당시 핀란드 양돈장 모두가 경영에 어려움을 겪고 있었다. 돼짓값이 수년간 매우 낮은 선에서 거래되고 있었기 때문이다.

핀란드의 돼짓값은 수요와 공급의 법칙이 어긋나면서부터 떨어지기 시작했다. 2015년 통계를 기준으로 하면, 핀란드 인구수는 약 540만 명인데 사육 돼지 수는 약 130만 마리였다. 이미 수년 전부터 돼지고기 생산량이 자국민이 소비하는 양을 꾸준히 넘어서고 있었다. 잉여분은 수출해야 했다. 그런데 핀란드산 돼지고기를 가장 많이 수입했던 이웃 국가인 러시아가 돼지고기 수입을 전면 중단했다. 당시 유럽에서 유행하던 아프리카돼지열병 바이러스의 유입과 확산을 방지하기 위함이라고 이유를 밝혔지만, 사실은 러시아 자국민의 양돈 산업을 보호하기 위한 조치라는 의견이 지배적이었다. 러시아에서는 이미 아프리카돼지열병 발병 사례가 속속 나오고 있었는데 오히려 러시아와 국경을 맞댄 핀란드에서는 지금까지도 발병 사례가 한 건도 보고되지 않았기 때문이다.

공급량이 늘어난 데에는 핀란드 돼지 육종 회사의 번식 개량 기술이 크게 기여했다. 내가 핀란드 규따야 양돈장을 처음 방문했던 2011년, 이곳의 어미 돼지 한 마리가 분만하는 평균 새끼 수는 17마리에 달했다. 이는 당시 우리나라 평균보다 약 5~6마리 더 많은 놀라운 숫자였다. 분만 새끼 수 증가는 여기서 끝이 아니었다. 2018년 핀란드 동물복지연구소 연구팀이 핀란드 돼지 육종 회사에서 생산된 품종으로 실험을 진행했는데, 어미 돼지 한 마리당 분만하는 새끼 돼지 수는 평균 19.4마리였다. 이러한 증가 추세는 현재 진행형이다. 지금은 우리나라도 유럽과 북미 국가에서 다산성으로 개량된 품종을 들여와 번식용으로 사육하면서 유럽과의 분만 새끼 수 격차를 줄이는 데 애를 쓰고 있다.

이렇게 수요는 줄고 공급은 꾸준히 증가하는 상황이 몇 년간 이어지면서 핀란드의 돼짓값은 2015~2016년 당시 1kg당 1.1유로까지 곤두박질쳤다. 돼지를 키울수록 적자가 쌓이는 상황이 되어버린 것이다. 핀란드 정부는 공급량 조절이 급선무라고 판단해 폐업하는 농장에 보조금을 지급하는 정책을 내놓았다. 정책을 시행한지 얼마 되지 않아 핀란드 전체 약 1,500개의 양돈장 중 20% 이상이 폐업을 신청했다. 자본이 부족해 더는 버틸 수 없는 영세한 농장들부터 줄줄이 무너졌다. 그중에는 이미 양돈 생산을 포기하고 양돈장 주변 토지를 이용해 작물 생산에 주력해 오던 무늬만 양돈장인 농장들도 많았다고 한다. 어쨌든 핀란드 양돈업계의 상황은 그만큼 심각했다.

이때 야리의 농장에도 위기가 찾아왔다. 임신한 어미 돼지들을 위탁 보내던 위성 농장들이 하나둘씩 폐업하면서 관리해야 할 어미 돼지 수가 줄어들기 시작한 것이다. 삼대째 양돈장을 운영한다는 자부심으로 버티는 것도 한계였다. 야리도 결국 양돈장을 포기할 결심을 하고 올리에게 본인의 의사를 전달했다. 야리는 양돈장을 없애고 정부의 보조금을 받아 그 자리에 물류 창고를 지어서 운영하겠다는 구체적인 사업도 구상하고 있었다. 농장이 화물 트럭들이 빈번하게 다니는 지방 도로와도 인접해 있어서 나름 사업 전망은 있어 보였다. 그러나 올리는 야리처럼 훌륭한 관리자가 양돈장을 운영할 수 없다는 현실을 받아들이기 어려워했다. 또한 야리가 농장을 포기하면 우리도 최적의 실험 농장을 잃게 되는 셈이었다. 올리는 해결책을 찾기 위해 많은 고민과 노력을 기울였다.

# 돌파구를 찾기 위한
## 동물복지형 농장 설계 프로젝트

야리가 자신의 농장을 물류 창고로 개조하기 위한 설계를 진행하고 있던 어느 날 나와 올리가 야리의 농장을 방문했다. 올리가 구상한 최후의 대책을 논의해 보기 위해서였다. 야리는 우리가 사무실에 들어서자 자신이 설계한 창고 도면과 사업 계획부터 설명하기 시작했다. 마치 우리가 제시할 대책이 이 사업 계획보다 낫다고 판단되지 않으면 얘기를 꺼내지도 말라는 것처럼 느껴졌다.

올리의 대책은 야리의 농장을 헬싱키대학교 수의과대학의 양돈 실험 및 실습 농장으로 운영하는 것이었다. 이를 위해 올리는 이미 농림부에 펀드를 신청했고, 그것이 통과되어 한화 약 5억 원 정도를 3년에 걸쳐 받을 수 있었다. 그 투자금으로 농장을 운영하고 야리와 농장 직원 한 명에게는 근로 계약을 통해 급여를 지급할 수도 있었다. 급여는 첫해는 100% 지급하고 이듬해부터는 농장의 돼지 판매로 얻은 수익을 제외한 나머지 부족한 금액을 보상해 주는 형태로 지급될 계획이었다. 단, 조건이 있었다. 야리는 기존의 농장을 임신돈만 돌보는 번식 전용 농장이 아니라 번식과 비육 관리를 함께 하는 일관 농장으로 바꿔야 했다. 또한 동물복지형 농장으로 운영해야 했다. 농림부의 펀드를 받으려면 야리의 농장은 지속 가능한 생산 시스템의 교본이 될 수 있어야 했다. 그러기 위해서는 시설 및 관리 부분에서 현 양돈 산업의 문제점을 해결할 대책이 있어야 했는데, 우리 연구팀과 핀란드 농림부는 동물복지형 농장이 답이라는 데 의견이 일치했다. 야리가 펀드를 받고 농장을 유지하기 위해서 이에 기여해야 하는 것은 어찌 보면 당연했다.

내가 올리와 함께 동석한 이유도 여기에 있었다. 올리는 동물복지형 농장의 설계를 나에게 전임했고 나는 이것으로 박사 후 연구원 프로젝트를 맡게 되었다. 야리는 올리의 설명을 묵묵히 듣고만 있었다. 나는 그동안 준비한 동물복지형 농장 설계 프로젝트를 야리에게 전달하기 전에 그의 표정을 살폈다. 긴장되는 순간이었다. 야리가 동의하지 않으면 그동안 계획한 프로젝트도 소용이 없었고 동시에 박사 후 연구원 직위도 물거품이 될 수 있었다. 다행히 야리는 본인이 물류 창고 프로젝트를 설명할 때보다 훨씬 더 밝은 표정이었다. 어떻게 해서든 농장을 유지할 방법이 있다고 하니 내심 기대하는 눈치였다. 그제야 어느 정도 안심하고 노트북을 열어 준비한 프로젝트 계획을 설명하기 시작했다.

# 어미 돼지의
## 본능을 지키는 임신사

    농장의 임신사는 기존부터 어미 돼지들에게 충분한 공간이 제공된 군사사육 형태였고, 사료 급이기도 어미 돼지들이 필요할 때마다 자유롭게 드나들 수 있는 자유출입식 스톨이 설치되어 있어서 크게 구조를 변경할 필요는 없었다. 나는 여기에 어미 돼지들이 편하게 누워 쉴 수 있도록 지푸라기를 추가했다. 이 프로젝트를 준비하는 동안 박사 학위 지도 교수였던 안나에게 많은 자문을 구했는데, 안나와 나는 모든 사육 단계에서 돼지에게 지푸라기를 제공해야 한다는 것에 의견이 일치했다. 지푸라기가 있으면 돼지가 그 위에서 쉴 수도 있지만, 코와 앞발을 이용해 파헤치며 탐구할 수도 있고 놀이 행동도 풍부해질 수 있다. 또한 돼지는 섬유질을 잘 소화하지 못하는데, 지푸라기를 잘근잘근 씹으면 소화액 분비량이 늘어나고 물을 더 많이 마시게 되어 사료 효율이 높아지고 성장에도 도움이 될 수 있다. 이처럼 지푸라기는 현대식 생산 시설에서

» 자유출입식 스톨이 설치된 임신사. 스톨을 고정하면 어미 돼지가 사료를 먹은 후 빠져나가지 못한다.
이때 관리자는 어미 돼지의 건강 상태를 살필 수 있고 필요 시에는 발정 체크와 교배도 할 수 있다.

사육되는 돼지에게 야생의 습성을 표현할 수 있도록 유도하는 데
가장 적합한 재료이다. 게다가 야리는 양돈장 주변에 소유한 넓은
밭에서 해마다 밀 농사를 짓고 있었기 때문에 밀짚을 공급하기도
매우 수월했다. 이참에 이 프로젝트에서는 밀짚을 충분히 이용해
볼 작정이었다.

임신사에는 돼지 무릎 높이만큼 턱을 설치하여 쉬는 곳과 분뇨
배설 자리를 구분하고 쉬는 곳에는 충분한 양의 지푸라기를 깔아
주기로 했다. 임신돈들이 지푸라기 위에서 편히 잠을 자고 충분히
쉴 수 있는 환경을 만들기 위해서였다. 이를 통해 임신돈들은 건강
을 회복하고, 번식에 관여하는 체내 호르몬도 원활하게 생성, 분비
된다. 따라서 돼지들의 복지 수준과 번식 능력을 동시에 향상할 수
있다.

» 바닥 중앙에 임신돈 무릎 높이의 턱을 만들어 잠자리와 분뇨를 배설하는 자리를 구분했고, 잠자리에
는 턱 높이만큼 밀짚을 깔아주었다.

　　지푸라기가 없는 곳은 분뇨를 배설하는 자리로 만들 참이었다.
돼지들은 적절한 사육 공간에서는 스스로 잠자리와 배설 공간을
구분하기 때문에 따로 훈련하지 않아도 지푸라기가 없는 곳에 분
뇨를 배설하도록 자연스레 유도할 수 있다. 다만 이 농장처럼 바닥
이 막혀 있는 평사 구조에서는 배설물을 자주 치워야 하는 번거로
움이 있다. 잘 치워주지 않으면 바닥이 금방 분뇨로 뒤덮여 위생이
문제될 뿐만 아니라 돼지가 미끄러져 다칠 수도 있다. 우리나라를
비롯해 대부분 현대식 양돈장에서 슬랫 바닥을 포기하지 못하는
이유이다.
　　하지만 여기서는 돼지들의 정상적인 보행과 편안한 휴식 공간
을 보장하기 위해 평사 구조를 유지하고 그 위에 깔짚을 깔아주기
로 했다. 농장에서 나오는 분뇨는 농장이 소유한 주변 밀밭에 거름

으로 주고 있어서 분뇨 처리가 문제되지는 않았다. 기존에도 평사바닥의 분뇨를 수거하기 위해 돈사와 농장 외부를 잇는 문을 통해 로더loader가 들어와서 한 번에 바닥을 긁어냈던 터라 예전에 비해 일손이 크게 늘지도 않았다. 우리는 단지 배설 공간의 너비를 로더에 장착된 삽의 길이에 맞춰 설계하면 됐다. 그러면 한 사람이 수십 번 삽질로 긁어내야 할 분뇨를 로더에 장착된 삽으로 한 번만 훑고 지나가면 그만이었다. 나는 야리에게 손으로 대충 스케치한 설계도를 보여주고 그의 의견을 물었다. 그러자 야리는 로더를 이용해 분뇨를 긁어내면 5분도 안 걸릴 거라며 대수롭지 않다는 듯이 말했다.

# 공동 육아 습성을 고려한
## 그룹 분만사

올릭깔라 농장 리뉴얼 프로젝트에서 가장 많이 공들인 곳은 바로 분만사였다. 분만 전후 어미 돼지들의 행동과 복지 연구는 나의 박사 학위 전공 분야이기도 해서 더 애착이 갔고, 산업적인 면에서도 이 구획이 농장의 생산성에 가장 큰 영향을 미치기 때문이었다. 처음에는 안나 교수의 조언대로 스웨덴이나 노르웨이 양돈장에서 흔히 볼 수 있는 분만틀이 전혀 없는 자유 분만사 형태에 밀짚을 충분히 깔아주는 방식을 생각했다.

그런데 사전 계획 단계에서 올리는 네덜란드 바겐닝헨대학교와 공동 연구를 진행하면서 견학했던 시설들을 사진으로 보여주며 그룹 분만사를 제안했다. 그룹 분만사는 어미 돼지 2~3마리가 분만과 포유를 군사사육 시설에서 함께하는 형태이다. 본래 유럽종의 돼지들은 야생에서 수컷 돼지 한 마리당 4~5마리의 어미 돼지들이 함께 생활한다. 그러다 어미 돼지가 분만할 때가 되면 그룹을 벗어

» 그룹 분만사. 3~4마리의 어미 돼지와 그들의 새끼 돼지들이 공동 사육 공간에서 함께 지내고 있다.

나 수 킬로미터 떨어진 곳까지 홀로 이동하여 각자 새끼들을 출산한다. 그리고 약 2주 정도 젖을 먹인 후 새끼들을 데리고 다시 그룹에 합류하여 다른 어미 돼지들과 공동 육아를 한다. 그룹 분만사는 돼지가 이러한 야생의 습성을 최대한 표현할 수 있는 환경이다.

## 포유 스트레스를 줄이기

개별 분만사와 비교했을 때 그룹 분만사의 가장 큰 장점은 젖먹이기로 인한 어미 돼지의 스트레스를 줄일 수 있다는 점이다. 태어난 지 얼마 안 된 새끼 돼지들은 보통 한 시간에 한 번씩 젖을 먹는다. 돼지의 유방에는 젖을 모아두는 곳이 없기 때문에 새끼들은 어미 돼지의 유선에서 젖꼭지로 직접 떨어지는 젖을 빨아 먹어야한다. 이때 젖이 나오는 시간은 30~90초에 불과하다. 새끼들이 어미의 젖꼭지와 유방을 마사지해서 유선을 더욱더 강하게 자극할수록 젖은 더 잘 나온다. 그래서 새끼들은 젖이 나오는 시간이 아닌

때에도 수시로 젖꼭지를 문지르고 빨아댄다. 젖을 배부르게 먹지 못하면 젖꼭지를 더욱 빈번하게 자극한다. 새끼들은 젖이 더 잘 나오는 젖꼭지를 알고 있기 때문에, 그 젖꼭지를 차지하기 위해 싸우기도 하고 차지한 젖꼭지를 뺏기지 않기 위해 더욱 힘을 주어 물고 늘어진다.

어미 돼지에게 이러한 젖꼭지 자극과 물림이 스트레스가 되지 않을 리 없다. 새끼들에게 젖꼭지를 드러내 놓지 않기 위해서는 엎드린 자세를 취하거나 일어나 있어야 한다. 그래서 어미 돼지들은 실제로 한 시간에 한 번씩 약 5분 정도 젖을 먹이는 시간 외에는 대부분의 시간을 그런 자세로 보낸다. 어미 돼지가 충분히 쉬어야 할 시기에 제대로 눕지 못하고 300kg에 가까운 육중한 몸을 온종일 엎드린 채로 있어야 하니 얼마나 고역이겠는가. 특히 몸을 옴짝달싹 못 하게 하는 분만틀에서는 상황이 더욱 심각해진다.

반면에 그룹 분만사에서는 한 시간에 한 번, 약 5~7분 정도 젖을 먹이는 시간에만 어미 돼지가 분만펜에 들어가서 새끼들에게 젖을 물리고, 그 외 시간에는 어미 돼지들만 공동으로 사육하는 별도의 공간으로 스스로 이동해 휴식을 취할 수 있다. 어미 돼지가 분만펜을 스스로 나오기 위해서는 어미 돼지의 무릎 높이 정도 되는 턱을 넘어야 한다. 보통 이 정도 높이의 턱은 어미 돼지들에게는 문제가 되지 않지만 새끼들은 태어난 지 2주령쯤 되어야 넘을 수 있다. 어미 돼지가 분만펜을 벗어나 휴식을 취하면서 체력을 충분히 회복하면 젖이 더 잘 나온다. 젖을 배부르게 먹고 포만감을 느낀 새끼들은 다음 젖 먹을 시간까지 어미가 없는 분만펜에서 형제들과 더 많은 사회 활동을 하고 잠도 더 편안히 자면서 강건해진다.

2주령이 지나면 그때부터는 새끼들도 하나둘씩 턱을 넘어 공동 사육 공간으로 나온다. 그때부터 새끼들은 내 형제가 아닌 다른 그룹의 어미와 새끼들을 마주하면서 교감하는 대상을 넓히게 되고 더 큰 그룹에서의 사회 활동을 익히게 된다. 이렇게 여러 개체와 교감하며 자란 새끼들은 이유할 때 낯선 환경과 새로운 그룹에서 받는 스트레스가 덜하다. 그룹 분만사의 또 다른 큰 장점이다.

## 최적의 그룹 분만사를 위한 실험과 설계

우리는 이러한 배경지식을 바탕으로 그룹 분만사를 구상하기 시작했다. 가장 먼저 그룹당 어미 돼지의 수를 설정해야 했다. 이를 위해 핀란드 내 다른 양돈장에서 예비 실험을 진행했다. 처음에는 그룹당 두 마리로 했다가, 그다음에는 한 마리씩 차례로 늘려 세 마리, 네 마리까지 각각 예비 실험을 진행해 보았다. 우리는 모든 예비 실험에서 그룹 분만으로 인한 어미 돼지들 간의 서열 다툼, 젖 먹이기로 인한 새끼들의 깔림 사고 등 여러 부분에서 모두 별다른 문제가 없음을 확인했다.

이후 야리의 농장에서는 야생에 더욱 가까운 환경을 만들어 돼지가 본래 습성을 표현할 수 있도록 다섯 마리의 어미 돼지를 한

» 그룹 분만사. 한 공간에서 각각 세 마리(왼쪽), 네 마리(오른쪽)의 어미 돼지들이 분만과 포유를 함께 하고 있다.

그룹으로 설정했다. 분만사의 가운데에는 공동 사육 공간을 복도식으로 두고, 양 갈래로 분만과 젖 먹이기를 할 수 있는 개별 분만 펜을 두었다. 복도식 공동 사육 공간은 앞서 살펴본 임신사처럼 로더가 들어와 분뇨를 처리할 수 있도록 로더의 삽 길이를 기준으로 설계했다. 개별 분만펜의 면적은 2.5m×2.4m 정도로 일반 양돈장 분만사의 펜 면적과 비슷하거나 조금 더 넓었다.

분만틀은 사용하지 않고 대신 어미 돼지들이 좁은 펜 안에서 누울 때 기댈 수 있는 경사진 판sloped wall을 설치했다. 추가로 어미 돼지가 분만펜 안에서 돌아눕다가 발생하는 깔림 사고를 방지하기 위해 보호 레일farrowing rail도 코너 쪽에 설치했다. 현대 양돈에서 가장 많이 사육되는 유럽 품종들은 대부분 몸집에 비해 다리가 약하기 때문에 좁은 공간에서 일어서고 눕는 것이 간단하지 않다. 그래서 어미 돼지의 스트레스를 줄이고 새끼 돼지의 깔림 사고도 예방

» 올릭깔라 농장의 그룹 분만사. 어미 돼지 다섯 마리가 분만 예정일 일주일 전부터 분만 후 새끼들이
9주령이 될 때까지 공동 사육 공간에서 함께 지낸다.

하기 위해 이러한 장치들이 필요했다.

새끼 돼지들이 체온을 유지하고 편안히 쉴 수 있는 공간인 쉘터
는 펜의 한쪽 모서리에 만들었다. 현대식 양돈 생산 시설에서 분만
사의 온도는 어미 돼지에게 적합한 22~25℃ 정도로 설정한다. 반
면에 태어난 지 얼마 안 된 새끼 돼지는 30~35℃ 정도의 온도를 유
지해 주어야 체온을 유지할 수 있다. 야생의 새끼들은 둥지 안에서
어미 곁에 달라붙어 체온을 유지할 수 있지만 현대 양돈의 새끼들
은 어미에게 찰싹 붙어 있으면 깔림 사고를 당하기 일쑤이다. 쉘터
는 이러한 깔림 사고를 줄이기 위한 방비책이다. 쉘터의 입구에는
새끼 돼지들이 쉽게 드나들 수 있도록 철창문을 만들었다. 그러면
서 어미 돼지가 돌아누울 때 새끼가 철창과 어미의 몸 사이에 끼이
지 않도록 창살을 굴곡지게 만들었다. 안쪽으로 굽어진 틈새를 통

» 쉘터 안에서 쉬고 있는 새끼 돼지들. 어미 돼지에게 끼이는 사고를 예방하기 위해 사진에서 화살표
가 가리키는 것처럼 쉘터 입구에 굴곡진 창살을 설치했다.[9]

해 새끼들을 끼임 사고로부터 보호하기 위해서다.

사료 급이 시설은 공동 사육 공간에만 설치하고 개별 분만펜에
는 어미 돼지와 새끼들이 물을 마실 수 있는 음수 장치만 설치했
다. 어미 돼지가 개별 분만펜 안에서 사료를 먹게 되면 공동 사육
공간으로 잘 나오지 않을 수도 있고 분만펜 안에서 분뇨를 배설할
수도 있기 때문이다. 분만펜의 바닥이 분뇨로 오염되면 치우는 데
도 일손이 많이 필요할 뿐만 아니라, 면역력이 상대적으로 약한 새
끼들이 불량한 위생 환경에서 비롯된 질병들에 쉽게 노출될 수 있

다. 따라서 사료 급이 시설을 분만펜 바깥에 설치해 어미 돼지가 자유롭게 드나들면서 사료를 먹을 수 있도록 했다.

이러한 시스템에서 2주령이 지난 새끼들은 공동 사육 공간으로 나와 어미 돼지들이 사료를 먹으러 가는 모습을 보고 따라가서 배운다. 사료 급이기에서 세팅된 시간에 맞춰 제공되는 사료를 먹는 방법도 터득하고 고형질의 사료를 소화할 수 있는 능력도 점진적으로 키워나갈 수 있다. 그 덕분에 새끼 돼지들이 이유할 때 고형질로 급전환된 사료를 섭취하면서 겪는 대사성 스트레스도 완화된다.

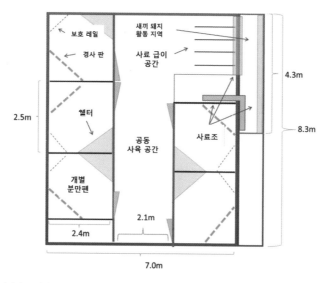

» 올릭깔라 분만사의 군사사육 구조도. 개별 분만펜에는 음수 장치만 있고 사료를 먹으려면 공동 사육 공간으로 나와야 한다.[10]

# 모두가 건강한
## 분만사 환경의 선순환

이처럼 그룹 분만사는 어미 돼지와 새끼 돼지 모두의 복지 수준을 끌어올리면서 동시에 그들이 건강하게 자랄 수 있는 환경을 제공해 준다. 어미 돼지를 건강하게 사육하는 분만사는 새끼들의 성장에도 좋은 영향을 미치며 더불어 어미 돼지의 수명을 늘리는 데에도 중요한 역할을 한다. 우리나라 관행 농장에서 어미 돼지의 수명은 2년 남짓으로, 그 기간 총 4~5번의 출산과 포유를 반복하다가 생을 마감한다. 그 이후부터는 번식력이 떨어지기 때문에 경제적인 관점에서 도태시키는 것이다. 그러나 어미 돼지가 분만과 포유 기간에 스트레스를 덜 받고 건강을 빨리 회복하면 번식력을 꾸준히 유지할 수 있어서 도태시킬 필요가 없다. 앞서 내가 핀란드 동물복지형 농장에서 산차가 15번 이상인 어미 돼지들을 어렵지 않게 볼 수 있었던 것도 바로 이 때문이다.

어미 돼지의 산차를 길게 유지할 수 있게 되면 농가에서는 어미 돼지를 구입하기 위해 드는 비용과 성 성숙에 도달할 때까지 키우는 사육 비용을 절감할 수 있으니 당연히 경제적으로 이득이다. 거기에 외부에서 들여오는 새 어미 돼지를 통해 전파될 수 있는 질병을 차단하기 위한 비용도 아낄 수 있다. 어미 돼지를 건강하게 키우는 분만사 사육 환경의 선순환은 여기에 그치지 않고, 새끼들의 질병 치료나 예방을 위한 약품이나 백신 사용량을 줄이는 데도 기여할 수 있다. 어미 돼지는 수명이 늘어날수록 그만큼 면역의 스펙트럼도 넓어지는데 이러한 면역력은 초유와 모유를 통해 새끼들에게 고스란히 전달된다. 그래서 새끼들도 질병에 맞서 더욱 강건해질 수 있다.

# 이유는 천천히
## 그룹핑은 최소한으로

 

관행적인 양돈장은 돼지를 성장 단계별로 구분해 관리한다. 일반적으로 임신사, 분만사, 이유자돈사, 육성사, 비육사로 구분되는데, 이렇게 구획을 나누면 돼지들에게 단계별로 성장과 비육에 필요한 영양소를 과하거나 모자람 없이 배합 사료를 통해 정확하게 공급할 수 있다. 즉 사료를 낭비하지 않으면서 성장과 비육을 최대로 빨리 끌어올릴 수 있는 것이다. 그 밖에도 구획을 나눠 관리하면 성장 일령에 따른 백신 접종이 편리하고 사육 공간을 더욱 효율적으로 이용할 수 있기 때문에 관리 면에서도 장점이 많다.

하지만 돼지들은 구획별로 이송될 때마다 어미, 형제, 동료들과 떨어져 낯선 환경에 적응해야 하고 이때 스트레스를 받는다. 게다가 돼지들은 그룹 내에서 정해진 서열에 따라 사회 활동을 하는데, 그 서열을 정하기 위한 싸움에서 받는 스트레스는 굳이 말하지 않아도 될 듯하다. 그중에서도 돼지들은 이유할 때 가장 큰 스트레스

» 이유자돈사로 옮겨진 4주령의 새끼 돼지들. 관행 농장에서 새끼 돼지는 4주령이 되면 어미, 형제와 떨어져 이유자돈사에서 새로운 그룹을 형성해 사육된다.

를 받는다. 어미와 떨어져 낯선 환경에 적응해야 하는 스트레스뿐 만 아니라, 소화하기 쉬운 젖만 먹다가 고형질의 사료를 소화해야 하므로 대사적인 스트레스까지 겪게 된다. 야생에서 돼지는 품종 에 따라 차이가 있지만 보통 3달이 지나면 이유를 한다. 하지만 관 행 양돈장에서는 보통 새끼들이 4주령이 되면 이유자돈사로 옮겨 진다. 젖을 끊은 어미를 하루라도 빨리 번식 활동에 복귀시켜야 더 큰 수익을 낼 수 있기 때문이다.

## 이유자돈사를 없애고
## 간헐적 포유를

올릭깔라 농장 리뉴얼 프로젝트는 새끼 돼지들이 4주령이 아닌 9주령에 젖을 떼도록 해 이유자돈사 사육 단계를 없애기로 했다. 9주령으로 설계한 것은 핀란드 농림부의 유기농 축산농장 인증 기준을 참고한 것이다. 핀란드에서는 축산농장의 동물복지형 사육 시설에 대해 인증해 주는 제도가 없다. 당연히 동물복지 인증을 위한 기준도 없다. 대신에 유기농 인증 기준을 충족하는 농가에는 핀란드 식품안전청Evira에서 유기농 축산농장 인증마크를 발급해 주고 있다. 이때 유기농 인증 기준은 우리나라의 축산농장 동물복지 인증 기준보다 여러 방면에서 훨씬 까다롭기 때문에, 이 정도의 기준을 만족한다면 동물복지형 농장으로 인정받는 데는 큰 문제가 없어 보였다.

유기농과 동물복지는 무슨 차이가 있을까? 간단히 말하면, 유기농은 농장동물에게 야생의 습성에 더 가까운 환경을 제공하는 것이다. 동물복지는, 앞서 언급했듯이, 현재 주어진 시설에서 동물이 받는 스트레스를 줄이고 보다 긍정적인 경험을 할 수 있는 최소한의 환경을 제공하는 것이다. 그래서 유기농 축산농장 인증을 위한 평가 항목에는 9주령 이상의 이유 시기, 배합 사료 외에 유기농 원료 사료의 제공 비율, 지푸라기 제공 여부, 실외 환경과의 접근 가능성 등 동물복지 평가 항목에는 없는 내용들이 추가로 더 요구되고 통과 기준도 더 까다롭다. 이러한 기준을 통과해 유기농 인증 마크가 붙은 축산물은 시중에서 높은 가격에 판매되는데, 헬싱키 인근 일반 마트에서 판매되는 유기농 축산물 가격은 낮게는 2배에서 높게는 6배까지 형성된다.

이유를 9주령으로 늦추는 것 자체는 관리 면에서 크게 부담되는 일은 아니다. 오히려 이유자돈사를 짓고 운영하기 위한 비용이 절약되니 경제적으로도 이득이다. 하지만 이 때문에 어미 돼지의 교배 시기를 한 달가량 늦추게 되면 농가의 전반적인 생산성에 큰 영향을 끼칠 수 있다. 이를 해결하기 위해 올릭깔라 농장에서는 새끼들이 3주령이 됐을 때부터 간헐적 포유를 하기로 했다. 젖을 먹이는 기간에 잠깐 어미를 새끼들로부터 떨어뜨리는 것이다. 그러면 어미 돼지는 포유 스트레스에서 벗어나 잠시 휴식을 취할 수 있다. 어미 돼지를 떨어뜨리면 새끼 돼지들이 제때 젖을 먹지 못해 스트레스를 받는 게 아닌가 생각할 수도 있지만, 이때 대용유(우유 대신 먹이는 액체 사료)와 소량의 사료를 급여해 주면 새끼들은 사료에 대한 적응력을 키워 오히려 이유할 때 받는 대사성 스트레스도 줄어든다. 간헐적 포유를 위해 하루에 4~5시간 정도 어미 돼지들을 분만사에서 이동시켜 임신사 구석의 한 펜으로 몰아두기로 했다. 이때 수컷 돼지를 근처에 두어 어미 돼지들의 난포 발달 및 배란을 유도했다. 이렇게 관리하면 기존과 비슷한 시기에 어미 돼지가 교배할 수 있어서 번식 생산성이 떨어질 걱정을 덜 수 있다.

## 항생제 없이
## 건강한 돼지들

올릭깔라 농장에서 이유자돈사를 없앤 것은 사육 단계에서 안전하고 건강한 축산물을 생산하기 위한 노력의 일환이기도 하다. 일반적으로 관행 농장에서 백신을 제외한 치료용 및 예방용 약품이 가장 많이 사용되는 구획이 이유자돈사이기 때문이다. 이 구획에서는 새끼들이 고형질 사료를 제대로 소화하지 못하고 낯선 환경에 스트레스를 받으며 면역력이 급격히 떨어지기 때문에 잔병치레가 끊이지 않는다. 그러면 일반적으로 농장에서는 질병을 치료하기 위해 가장 값싸고 효과적인 방법을 택한다. 항생제를 비롯한 약품을 투여하는 것이다. 간혹 건강한 개체에도 예방 차원에서 항생제를 주사하거나 사료나 음수에 첨가해 급여하기도 한다. 이렇게 사용된 항생제는 사육 단계에서 항생제 내성균의 발현과 전이를 초래하고, 결국 그 화살은 인간에게 돌아와 인간의 건강까지 위협하게 된다. 가축 사육 단계에서 항생제를 신중하게 사용해야 하는 이유이다.

올릭깔라 농장에서는 이 구획을 없애고 새끼들을 9주령이 될 때까지 분만사에서 지내도록 했다. 그러자 실제로 돼지들은 이유자돈사가 아닌 분만사에서 어미, 형제들과 함께 지내면서 더욱 건강하게 자랐다. 새끼 돼지들의 질병 감염률과 폐사율이 줄었고 그들에게 사용되는 약품비가 줄어드니 경제적인 효과도 톡톡히 볼 수 있었다. 무엇보다 축산물에 약품이 잔류할 위험이나 내성균의 발현, 전파 위험성을 줄일 수 있어 사회에도 긍정적으로 기여할 수 있었다.

동물복지형 농장으로 전환하기 위해 일차원적으로 시설과 환경 개선을 요구하면 농장은 거부감이 앞설 수 있다. 동물복지 사육 방식으로 생산성 향상과 매출 이익 효과를 보더라도 시설 투자와 유지 비용을 감안하면 수익성이 기대에 미치기 어렵기 때문이다. 특히 동물복지 축산물을 소비하는 시장이 활성화되어 있지 않다면 경제적 손실은 더 커질 수 있다. 따라서 이러한 접근 방식은 농가의 동물복지형 전환을 유도하는 데 걸림돌이 된다. 그런 면에서 나는 이유자돈사를 없애 비용을 줄인 것이 올릭깔라 농장 리뉴얼 프로젝트의 가장 큰 성과였다고 생각한다. 동물의 본성을 고려해 관리 기술을 개선하는 접근 방식이 농가의 동물복지 전환을 유도할 수 있고, 실제로 동물의 복지와 농가의 생산성 향상이 양립하는 방안이 될 수 있기 때문이다.

» 그룹 분만사의 공동 사육 공간에서 어미 돼지와 새끼 돼지들이 지푸라기 위에 누워서 쉬고 있다. 새끼 돼지들은 태어나서 9주령까지 어미, 형제와 함께 지낸다.

돼지 복지

# 마음껏 놀고, 먹고,
## 쉴 수 있는 비육사

육성사, 비육사는 따로 구분하지 않고 비육사 한 단계로 통합할 계획이었다. 그런데 기존 야리의 농장은 어미 돼지 번식 전용 농장으로 이유자돈사뿐만 아니라 육성사, 비육사도 없었다. 그래서 비육사 공간을 마련하기 위해 기존에 어미 돼지들이 인공수정을 위해 사육되던 공간인 교배사를 이용하기로 했다. 교배사는 수정란이 자궁 내벽에 안정적으로 착상되는 동안 어미 돼지들을 스톨에서 사육하는 용도로 이용된다. 임신사에서 군사사육을 할 때 발생할 수 있는 서열 다툼으로 인한 유산을 방지하기 위해서다. 그러나 이곳에서는 어미 돼지들이 간헐적 포유 기간에 이미 군사사육을 하기 때문에 서열은 교배 전에 정리가 된다. 게다가 분만사도 군사사육으로 관리하기 때문에 같은 그룹 내에서 임신사로 이동하는 어미 돼지들의 서열 다툼은 걱정거리가 아니었다. 다만 어미 돼지들이 교배할 수 있는 공간이 별도로 필요했는데, 이마저도 임신사에 설치된 자유출입식 스톨을 이용하면 되었기에 교배사를 따로 둘 필요가 없어진 것이다.

## 최대한 다양한 행동 표현이 가능하도록

비육사는 구조적으로 까다롭게 설계할 것은 없지만 돼지들이 먹고, 놀고, 쉬는 데 불편함이 없어야 한다. 그래서 교배사에 설치되어 있던 스톨을 전부 제거한 후 펜스를 설치하였다. 펜스를 이용해 같은 공간에서 돼지들이 기대서 쉴 수 있는 면적을 더 늘려줄 계획이었다. 또한 펜스가 상대적으로 서열이 낮거나 약한 돼지들에게 숨을 곳도 마련해 주고 돼지들의 동선이 서로 엉키면서 발생하는 투쟁의 빈도도 줄여줄 수 있을 것이라 기대했다.

그리고 여기에도 다른 구획과 마찬가지로 지푸라기를 깔아주었다. 편안히 쉴 수 있는 공간을 제공할 뿐만 아니라 다양한 행동 표현이 가능하도록 하기 위함이다. 그런데 기존 교배사의 바닥은 콘크리트 슬랫 구조였다. 밀짚을 깔아주려면 바닥이 막혀 있는 평사 구조여야 했다. 그래서 콘크리트로 구멍과 슬러리 피트를 몽땅 메우기로 했다.

깔짚을 깔아주면서 돼지들이 더 다양한 행동을 할 수 있도록 놀잇감을 함께 넣어주기로 했다. 놀잇감을 이용해 놀이 행동을 자극하면 동료 간의 긍정적 상호작용을 유도할 수 있기 때문이다. 놀잇

» 비육사에 놓인 펜스. 가운데에 펜스를 설치하여 돼지가 기대서 쉴 수 있는 시간은 늘리고 투쟁 빈도는 감소하는 효과를 거두었다.

» 지푸라기 깔짚을 깔아준 비육사. 돼지들은 지푸라기를 헤집고 다니면서 다양한 행동을 표현하며 즐거움, 유쾌함, 성취감 등을 경험한다. 쉴 때는 안락하고 편안한 감정도 경험할 수 있다.

감으로는 핀란드 어느 지역에서나 쉽게 구할 수 있는 자작나무를 쇠사슬에 매달아 바닥과 수평을 유지해서 벽에 걸어주었다. 놀잇감의 종류와 제공 방식을 결정할 때는 동료 헬레나의 조언과 연구를 참고했다. 이 내용은 앞서 4장에서 언급했다.

그뿐만이 아니다. 놀잇감을 가지고 노는 것에 익숙한 돼지들은 동료들의 꼬리나 귀를 가지고 장난치거나 무는 행동을 덜 하게 된다. 관행적으로 꼬리를 자르지 않아도 꼬리 물림 사고를 줄일 수 있는 것이다. 분명한 것은 꼬리 물림 현상은 돼지가 스트레스를 겪고 있음을 알 수 있는 일종의 신호이다. 그래서 간혹 꼬리 물림 사고가 발생하면 핀란드 양돈장의 농장주나 관리자는 사육 환경과 관리에 문제가 있었는지 점검하고 개선하고자 노력을 기울인다.

앞서 언급했듯이, 유럽연합에서는 꼬리 자르기를 금지하는 조항을 발표할 즈음 이를 대체할 방안을 연구하는 프로젝트를 진행했다. 유럽 내 동물복지 연구 분야에서 내로라하는 대학과 연구소들이 공동으로 참여한 대형 프로젝트였다. 이들이 종합적으로 내린 결론은 꼬리를 자르지 않고 꼬리 물림 현상을 줄이려면 사육 공간을 넓히는 것과 행동을 풍부하게 하는 물질을 제공하는 것이 도움이 되는데, 중요한 것은 이 두 가지를 동시에 제공해야만 꼬리 자르기와 같은 효과를 볼 수 있다는 것이다.

그래서 우리는 이곳 비육사를 설계할 때 이 두 가지는 필수 요소라고 야리에게 강조해서 설명했다. 야리는 처음에 사육 공간을 염려했다. 돼지들이 비육사로 들어올 때는 체중이 25kg 정도

» 비육사 내부. 돼지들의 체중이 늘어날수록 마리당 차지하는 공간이 점점 협소해진다.

인데, 출하할 때가 가까워지면 100kg이 넘는다. 돼지들이 성장할수록 두당 사육 공간이 그만큼 좁아지는 것이다. 그러면서 육성기(25~50kg)와 비육기(50kg 이상) 성장에 따라 사육 공간을 구분하는 게 어떠냐고 물었다. 우리는 충분한 공간과 물질을 제공할 때의 효과는 호기심이 왕성한 체중 25~50kg 사이의 육성기에 두드러질 것이고, 이후 비육기에는 움직임이 덜하고 그룹 내 서열 정리도 확실히 되어 있기 때문에 구획을 나눠서 새로 그룹을 형성하기보다 그대로 두는 편이 스트레스를 덜 겪겠다고 판단했다. 야리를 설득해 설계는 원안대로 진행됐다.

# 적정 사육 공간을
# 결정 짓는 조건

돼지들은 성장 단계에 따라 필요로 하는 사육 공간 면적이 달라진다. 덩치가 커질수록 반드시 더 많은 공간이 필요한 것은 아니다. 덩치가 커지면 활동량이 줄어 필요 면적이 오히려 줄어들 수도 있다. 또한, 돼지들에게 적절한 사육 공간 면적은 돈사 내부의 환기 상태, 온도, 습도뿐만 아니라 이전 구획에서 지내던 환경에도 많은 영향을 받는다.

넓은 공간에서 지내던 돼지들이 비좁은 곳으로 전입되면 공간의 요구량을 충족하지 못해 스트레스 지수가 높아진다. 반면에 좁은 공간에서 지내던 돼지들에게 더 넓은 공간을 제공해 주면 활동량이 늘어나고 표현할 수 있는 행동이 더 다양해질 수 있다. 하지만 그렇다고 해서 복지 수준이 꼭 더 나아지는 것은 아니다. 서열이 낮은 돼지들은 오히려 넓어진 공간에서 노출 빈도가 높아져 더 자주 스트레스 상황을 겪을 수도 있다. 따라서 적정 사육 공간이란 단지 면적의 수치만으로 결정되지는 않으며, 이러한 모든 조건을 고려해 계산되어야 한다.

나는 이곳 비육사에서 돼지들에게 제공한 사육 공간이 적절했는지 점검하기 위해 늘 그들의 꼬리부터 살폈다. 비육사에서 돼지들의 꼬리 물림 현상의 발생 여부는 그들의 복지 수준을 평가할 수 있는 지표이기 때문이다. 이후 2년여 동안 지켜봤지만 꼬리 물림으로 상처를 입은 돼지는 없었다. 덩치가 커진 비육돈들에게 더 넓은 공간을 제공하기보다 사육 환경을 일관되게 유지한 전략이 나름 합격점을 받은 셈이다.

# 베일을 벗은
## 양돈장

야리는 농장 이름을 자신의 성을 붙여 '올릭깔란 올끼뽀수 Ollikkalan Olkipossu'라고 지었다. 직역하면 '올릭깔라의 지푸라기 돼지' 라는 뜻이다. 삼대째 이어온 양돈업에 대한 자부심과 돼지를 생각 하는 환경에서 농장을 운영하고 있음을 표현한 것이다.

올릭깔라 농장은 동물복지형 농장으로 전환한 후 1년도 채 안 되었을 때부터 핀란드 양돈업계에서 모르면 간첩이라 할 만큼 유 명했다. 이러한 관심은 핀란드뿐만 아니라 덴마크, 독일, 헝가리, 영국 등 여러 유럽 국가로 확산되었고, 심지어는 우리나라 미디어 에서도 관심을 두고 취재할 정도였다. 올릭깔라 농장이 명성을 얻 게 된 데는 야리의 둘째 딸 베라Veera의 역할이 컸다. 이 프로젝트를 진행할 때 베라는 헬싱키 인근에 있는 농업 전문 학교를 졸업하고 야리와 함께 농장 관리를 맡기로 진로를 결정했다. 베라는 아버지 로부터 양돈 관리를 배웠고, 농장의 홍보와 판매도 전담했다.

베라는 SNS를 통해 농장이 동물복지형 시설로 전환되는 과정을 시시각각으로 게시했다. 그리고 돼지들이 농장에 들어오고 나서부터는 사육 환경을 비롯해 돼지들의 행동과 표정까지 동영상과 사진에 담아 게시했다. 관련 업계 사람들의 관심을 이끌어내고 이를 통해 결국 유통망을 확보하기 위함이었다. 실제로 베라의 홍보 활동에 처음에는 양돈 농장주와 관리자를 주요한 구독층으로 가진 양돈 전문지들이 흥미를 보이며 취재하기 시작했다. 당시 핀란드는 앞에서도 언급했듯이 장기간 돼지 가격이 하락하면서 대부분의 양돈장이 경영 위기를 겪고 있었다. 이런 시기에 야리의 농장이 관리 형태 전환으로 현재 부닥친 어려움의 돌파구를 찾아가는 과정이 이들에게는 매우 흥미로웠을 것이다. 생산자들은 특히 동물복지형 농장을 직접 실현하여 경영 면에서 안정을 되찾은 과정에 많은 관심을 보였다.

베라의 SNS 활동은 생산자뿐만 아니라 소비자들의 관심도 끌

» 핀란드 식품 저널에 실린 야리와 베라(왼쪽). 베라가 첫 교배 후 임신사로 들어온 필리(베라가 붙여준 이름)를 맨손으로 하염없이 쓰다듬고 있다(오른쪽).

어냈다. 사실 소비자들은 마트 식품 코너의 진열대나 식탁에서 쉽게 돼지고기를 접하지만 돼지가 사육되는 환경을 알기는 쉽지 않다. 그나마 양돈 생산 현장을 엿볼 수 있는 미디어들은 구독자를 자극하는 매우 열악한 환경만 내보이는 것이 다반사였다. 그중에서는 동물보호단체들에 의해 연출된 혐오스러운 장면도 많았다. 어쨌든 사람들은 현대 사회에서 이러한 집약적 생산 공정은 불가피하다고 여기며 돼지고기를 소비해 왔다.

반면에 베라가 올리는 사진과 동영상은 전에 보이던 양돈장의 모습과는 사뭇 달랐다. 일반인들이 어렴풋이 알면서도 외면했던 농장동물의 불편한 생활을 담은 모습이 없었다. 베라가 올린 사진과 글에는 돼지들이 건강한 환경에서 자라고 있는 모습을 보는 것만으로도 안도와 반가움을 느낀다고 하는 댓글도 있었다. 구독자들은 현대식 집약적 농장에서 관행적으로 이루어지던 사육 방식이 꼭 필수적이지 않다는 것을 알게 되었고, 건강한 먹거리를 얻기 위해서는 돼지들에게 더 나은 사육 환경을 제공해야 한다는 것도 이해하게 되었다. 이러한 관심과 이해는 자연스레 구매로 이어졌다.

올릭깔라 농장에서 출하된 돼지는 일반 도축장이 아닌 지역 내 소규모로 가축을 도축하는 곳에서 도축, 가공, 포장이 이루어진다. 일반 도축장에서 경매를 통해 책정되는 당시의 현저히 낮은 돼지고깃값으로는 농장을 정상적으로 운영하기 어렵기 때문이었다. 도축장에서 포장을 마친 돼지고기는 올릭깔라 농장의 로고를 붙여 중간 거래를 생략하고 직거래 방식으로 판매했다.

그렇게 판매되는 올릭깔라 지푸라기 돼지의 고깃값은 고기 부위에 따라 일반 농장에서 생산되는 제품의 가격보다 적게는 1.5배에서 크게는 3배 정도 비싸다. 그런데도 지역에서 팝업 스토어를 열 때면 많은 사람이 몰려 물건이 금방 동난다. 베라의 SNS는 건강한 생산 공정을 보면서 만족감을 느꼈던 사람들이 고기를 구매할 방법을 묻는 댓글들로 가득했다. 구매자들은 자기가 지불하는 돈이 어떻게 쓰이는지 잘 알고 있기 때문에 기꺼이 비싼 값을 치르고 고기를 구매하기 시작했다. 얼마 되지 않아 올릭깔라에서 생산된 돼지고기는 선주문한 구매자만 구입할 수 있을 정도로 구하기가 어려워졌다.

이후에는 지역 대형마트에서 상설 판매 부스를 열 수 있었고, '올릭깔라의 지푸라기 돼지' 브랜드를 붙인 상시 판매처가 생겼다. 올릭깔라 고기는 온라인 구매와 배송을 지원하며 핀란드 전역에서 구입을 희망하는 고객이 꾸준히 늘어났다. 매출은 이미 기존 수익을 훌쩍 넘겼고 다행히 3년짜리 프로젝트가 끝나기도 전에 어려웠던 자금난을 해결하고 농장은 정상적으로 운영될 수 있었다.

» 올릭깔라 농장에서 생산하는 소시지와 살라미. 각각 6유로, 7유로에 판매되고 있고, 이는 시중에서 판매되는 일반 제품보다 2~3배 정도 비싸다.

» '올릭깔라의 지푸라기 돼지' 팝업 스토어 홍보 사진

돼지 복지

# 7장

## 돼지가
## 건강해야 하는 이유

# 더는 항생제에
## 의존할 수 없다

2022년 1월 28일, 유럽연합은 회원국의 축산농가에서 가축의 질병을 예방하기 위한 목적의 항생제 투약을 전면 금지하는 법안을 통과시켰다. 유럽연합은 2006년부터 이미 사료나 음수에 항생제 첨가를 금지하고 있었다. 따라서 이제 유럽의 축산농가에서는 질병으로 고통받는 가축을 개별적으로 치료하기 위한 용도로만 항생제를 사용할 수 있을 뿐, 그 외 다른 용도로는 일절 사용할 수 없게 되었다.

축산농가 항생제 사용 규제는 유럽뿐만 아니라 전 세계에서 점진적으로 진행되어 왔다. 우리나라에서도 2005년부터 기존 53종의 항생제 중 25종만 사용할 수 있도록 규제했고, 2009년부터는 이 중 7종의 인수 공통 항생제를 사료와 음수에 첨가할 수 없게 했다. 그리고 2011년 7월 항콕시듐제와 구충제 9종을 제외한 모든 사료 첨가용 항생제를 전면 금지했다. 따라서 현재 우리나라에서 사료 첨가용으로 사용할 수 있는 항생제는 법적으로 없다.

# 관행 농장의 항생제 남용

축산농가에서 가축에게 사용하는 항생제antibiotics, antimicrobials란 박테리아, 바이러스, 곰팡이, 원생동물을 포함한 미생물의 성장을 방해하거나 제거할 수 있는 능력을 갖춘 화합물을 가리킨다. 모든 동물은 피부나 장내에 다양한 박테리아들이 서식하고 있다. 축산농가에서 항생제는 이 중 질병을 일으키는 병원성 박테리아를 통제하여 가축의 질병 감염이나 폐사를 줄이기 위해 사용되어 왔다.

그런데 문제는 축산농가에서 항생제가 가축의 질병을 치료하기 위한 목적으로만 쓰인 게 아니라는 점이다. 가축이 당장 질병에 걸리지 않았는데도 예방 차원에서 건강한 개체들에게 집단적으로 항생제를 사용하기도 했다. 이러한 집단 처방은 특히 양돈과 양계업에서 흔하게 이루어졌다. 집약적 생산 시스템에서 질병이 있는 가축들을 개별로 치료하는 것보다 집단으로 예방적 처리하는 것이 노동 시간을 줄일 수 있기 때문이다. 또한 일부 항생제는 가축의 성장을 촉진하는 용도로 사용되기도 했다. 이렇듯 항생제는 한때 축산농가에서 만병통치약으로 불렸고, 가축 사육에 있어 반드시 필요한 것으로 여겨질 때도 있었다.

이렇게 축산농가에서 널리 사용되던 항생제가 지금은 우리나라를 비롯해 전 세계적으로 규제의 대상이 되고 있다. 유럽연합에서 처음 항생제를 규제할 때는 축산농가에서 사용할 수 있는 항생제의 종류만 제한했을 뿐 그 사용량은 제한하지 않았다. 전 세계적으로 소모성 질병(체중이 감소하는 증상)이 만연해 있기 때문에 현대식 축산농가에서 어린 가축의 성장 정체와 폐사율 상승을 예방하기 위한 항생제 사용이 불가피하다고 본 것이다.

그러나 이후 연구를 통해 내성 유전자가 박테리아와 같은 병원체 사이에서 전이가 가능한 유동성 유전 성분mobile genetic elements에 자리 잡고 있으면 항생물질을 한 가지만 반복해서 사용하더라도 구조적으로 연관이 없는 항생물질에도 복합적으로 내성이 생길 수 있다는 사실이 밝혀졌다. 즉, 새로운 항생제 내성균의 발현이나 확산을 줄이기 위해서는 여러 종류의 항생제를 규제하면서 그 사용량도 줄여야 효과를 기대할 수 있다는 것이다. 이러한 연구 결과를 바탕으로, 최근에는 모든 종류의 항생제를 질병 예방 목적으로 사용하는 것을 금지하는 규제가 전 세계적으로 확대되고 있다. 그뿐만 아니라 유럽연합 시행령에서는 사용 방법에 있어서도 사료나 음수에 첨가하는 방식뿐만 아니라 주사기를 사용한 투약도 금지하고 있다.

## 인간을 위협하는
## 항생제 내성균

최근 슈퍼 박테리아라고 불리는, 여러 가지 항생제에 내성을 가진 병원체들이 생겨난 것도 그동안 축산농가에서 항생제를 무분별하게 사용해 온 것과 밀접한 연관이 있다고 밝혀지기도 했다. 이제는 항생제 내성균이 인간의 건강까지 위협하고 있다. 가축에서 시작된 항생제 내성균이 사람에게 전파되면 인간의 생존을 위협하는 심각한 문제가 될 수도 있다. 세계보건기구WHO는 2019년 인류의 생존을 위협하는 10가지 위험 중 하나로 항생제 내성균을 꼽기도 했다.

전 세계에서 매일 3,500명의 사람이 항생제 내성균 감염으로 죽고 있다. 여기서 끝이 아니다. WHO와 유엔식량농업기구FAO는 2050년부터 항생제 내성균 감염으로 인한 인간의 사망률이 암이나 홍역, 교통사고 등을 사인으로 한 사망률을 훌쩍 넘어 가장 많을 것으로 전망할 정도이다. 항생제 내성의 심각성에 대해 FAO에서는 아래와 같은 주제로 의견서를 발표한 바도 있다.

"항생제 내성 전염병은 코로나19 이후 다음 팬데믹을 불러올 것이다."(2020년 11월 20일 FAO 의견서)

사실 항생물질 내성은 오래전부터 존재했던 자연적인 현상으로 오늘날 갑자기 출현한 것은 아니다. 다만 최근 가축의 항생물질에 대한 내성 발달이 사람의 항생물질 내성의 발달, 전이, 확산에 기여하는 것으로 밝혀지면서부터 축산농가의 항생제 사용이 이처럼 주목받게 됐다.

가축에서 인간으로의 내성 전이는 주로 먹이사슬을 통해 발생한다. 내성균은 균을 보유한 환경이나 동물과의 직접 접촉을 통해 전이되기도 하지만, 요리가 덜 된 음식, 조리되지 않은 식자재 혹은 내성균을 보유한 음식을 다루는 과정에서도 전이된다. 음식을 먹는 것과 같이 항생물질 사용과 전혀 관련이 없을 것 같은 일상적인

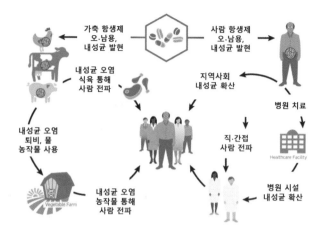

» 항생제 내성은 사람, 가축, 환경을 통해 다양한 경로로 확산하여 인간의 건강을 위협한다. 미국 질병통제센터 자료 재가공

활동에서도 항생제 내성이 발달, 전이, 확산할 수 있다는 말이다. 결국 인간이 이러한 위협에서 벗어나려면 슈퍼 박테리아 같은 내성균이 출현하지 않도록 하는 수밖에 없다. 동물에게든 사람에게든 항생제 사용에 보다 더 신중을 기해야 하는 이유다.

양적인 면에서 보면, 전체 항생제 사용량 중 축산농가의 단위당 항생제 사용량이 가장 많다. 특히 양돈 농가는 그중에서도 단연 최고다. 현대식 양돈 농가의 경우 돼지의 성장 정체를 유발하는 질병들이 전 세계적으로 만연해 있는데, 이러한 사육 환경에서 항생제는 가장 저렴하고 일손이 덜 가는 해결 방법이다. 그러나 항생제의 약효는 오래가지 않는다. 바로 병원균들이 내성을 갖게 되기 때문이다. 업계에서는 그때마다 새로운 종류의 항생제를 개발하며 임기웅변으로 버텨왔고, 그것이 오늘날까지 이어졌다. 결국 인간의 건강을 지키기 위해서는 규제 외에는 다른 선택지가 없다.

항생제에 의존해 오던 농가들이 이제는 항생제 없이 돼지를 키워야 한다. 관리자라면 누구나 돼지를 쾌적한 사육 환경에서 건강히 키우고 싶어 하겠지만 이는 말처럼 쉽지 않다. 일단 돼지가 건강하기 위해서는 질병에 저항할 수 있는 면역력이 강해야 한다. 면역력은 스트레스와 밀접하게 관련되어 있기 때문에 돼지들이 생리적, 정신적, 행동학적으로 최대한 스트레스를 받지 않는 건강한 사육 환경이 우선적으로 마련되어야 한다. 이것이 전부는 아니다. 돼지가 질병에 걸리지 않고 건강하려면 질병을 유발하는 박테리아, 바이러스, 곰팡이 등과 같은 병원체가 통제되어야 한다. 따라서 건강한 사육 환경이 완성되기 위해서는 이러한 병원체들의 유입과 확산을 최대한 통제할 수 있는 환경도 함께 필요하다.

나는 핀란드 양돈 농가에서 전염성 감염원의 외부 유입과 농가 내부 확산을 방지하기 위한 연구를 진행했다. 또한 이것이 결국 농가의 항생제 사용량과 내성균 확산에 어떠한 영향을 미치는지도 연구했다. 이 연구 프로젝트가 궁극적으로 돼지를 건강히 키우는 것이 왜 중요한지, 그것이 인간의 건강에 어떤 영향을 미치는지에 관한 물음에 답이 될 수 있을 것 같아 이 연구와 관련된 내용을 담는다.

# One Health 프로젝트의
# 시작

2017년 겨울, 수의대학장인 올리 교수가 본인의 사무실로 나를 불렀다. 당시 나는 올리의 지도로 박사 후 연구원으로 일하면서 동물복지뿐만 아니라 번식 관리, 동물약품의 효용성 등 양돈 생산과 관련된 여러 연구를 수행하고 있었다. 당시 올리 교수는 원헬스 One Health 관련 프로젝트를 준비하느라 정신이 없었고, 그런 와중에 나를 따로 불렀다는 것은 내게 그 대형 프로젝트에 함께할 수 있는 기회를 주겠다는 뜻이었다.

## 사람, 가축, 환경을 묶는
## 순환 고리

인간과 가축은 상당히 많은 부분에서 유전체genome가 일치한다. 또한, 신진대사metabolism 구조나 미생물군집microbiome의 분포도 매우 유사하기 때문에 박테리아, 바이러스, 기생충 등 질병을 일으키는 많은 병원체가 서로 간에 공유되고 있다. 그렇다 보니 인간과 가축 사이에 전이되는 전염성 질병은 꾸준히 인간의 건강을 위협해 왔고 최근에는 축산농가에서 사용하는 동물약품, 특히 항생물질에 내성을 갖는 미생물의 전이도 심각한 문제로 대두되고 있다. 이 관계에서 매개체 역할을 하는 것이 환경이다. 인간과 가축은 우리를 둘러싼 환경 속에서 공존하고 있기 때문에 그 환경에서 발생하는 해로운 요소들은 인간과 가축 모두의 건강을 위협한다. 궁극적으로 우리 인간의 건강을 지키기 위해서는 인간과 관계한 주변 환경의 위협 요소를 함께 관리해야 한다. 이에 사람, 가축, 환경을 하나의 순환 고리로 보는 개념인 '원헬스'가 범국가 차원에서 의료, 수의, 축산 분야를 중심으로 주목받고 있다.

올리는 2017년 봄부터 헬싱키대학교 원헬스 연구소 설립을 준비하고 있었다. 수의과대학뿐만 아니라 농과대학, 의과대학, 약학대학, 사회과학대학의 교수진들까지 대거 참여한 프로젝트였다. 올리가 총책임을 맡게 된 핀란드의 원헬스 연구소HOH; Helsinki One Health는 핀란드 연구재단Academy of Finland의 펀드 승인을 받아 헬싱키대학교 내에 설립됐다. 수의과대학에서는 학장인 올리와 돼지의 건강 관리 분야를 연구하는 마리 헤이노넨Mari Heinonen 교수가 프로젝트에 참여했다. 새 프로젝트의 연구 주제는 양돈 생산 단계에서 항생제 내성을 통제하는 방안을 개발하는 것이었다. 이 프로젝트는 헬싱키대학교 수의과대학이 주관하고 핀란드 식품안전청과 동물질병관리본부ETT가 공동으로 참여하는 중요한 국가 프로젝트였다. 연구의 주제와 목표는 핀란드 양돈 농가의 항생제 내성 통제이지만 그 핵심은 농가의 방역 체계를 강화하는 데 있었다.

핀란드는 숲과 호수의 나라라고 불린다. 그만큼 광대한 영토가 숲으로 덮여 있다. 대부분 농장은 그 숲 한가운데 띄엄띄엄 자리 잡고 있다. 농가들은 주변의 숲을 천연 방역 울타리라고 여긴다. 이러한 천혜의 입지 환경 덕택인지 모르겠지만 핀란드의 양돈 농가는 최근 수십 년 동안 주목할 만한 전염성 질병을 경험하지 않았다. 전 세계적으로 만연한 돼지 유행성 설사병PED; Porcine Epidemic Diarrhoea이나 돼지 생식기 호흡기 증후군PRRS; Porcine Reproductive and Respiratory Syndrome도 음성인 나라다. 그래서인지 당시 핀란드 농장 관리자들 대부분은 방역 조치에 무감했다. 사실 축산업이 집약적으로 성장하기 전인 20~30여 년 전에는 우리나라도 마찬가지였다.

그러나 핀란드 양돈 농가가 언제까지나 전염성 질병으로부터 안전할 수는 없었다. 당시 동유럽과 러시아 지역을 초토화한 아프리카돼지열병은 언제든 핀란드에 전파될 수 있었다. 핀란드 동쪽은 전체 국경의 3분의 1이 러시아와 맞닿아 있고, 남쪽에 위치한 에스토니아는 하루에도 수만 명이 크루즈를 통해 드나든다. 게다가 핀란드 양돈장의 인부들은 대부분 발트 3국이나 동유럽 국가 출신들인데, 이들 국가는 모두 이 질병으로 큰 피해를 보았고 당시에도 확산이 진행 중이었다. 핀란드 축산 관계자들은 이 점을 가장 우려하고 있었다. 올리와 마리도 핀란드 양돈 농가의 허술하고 안

일한 방역 체계를 지적하면서 동시에 농가 관리자의 감염원 위험 요소에 대한 경각심을 높여야 할 때라고 강조했다.

## 농가 방역 체계
## 평가 프로그램

연구팀은 프로젝트의 첫 번째 목표로 핀란드 양돈 농가의 방역 체계를 강화하기 위한 방안 모색을 삼았다. 이를 위해서는 먼저 농가의 방역 수준을 객관적으로 평가해야 했다. 농가의 방역 상태를 올바로 평가할 수 있어야 효과적인 방역 체계를 마련할 수 있기 때문이다. 농가가 자신의 방역 수준을 모르면 감염원 위험 요소에 대한 경각심이 떨어질뿐더러 방역 조치를 이해하는 데도 어려움이 따른다.

그런데 농가의 방역 수준을 객관적으로 평가하여 수치로 나타내는 것이 말처럼 쉬운 일은 아니었다. 농장마다 입지 환경, 사육 규모와 방법, 관리자의 배경지식 등이 너무나도 다르기 때문에 이를 모두 반영한 종합적 평가 기준이 필요했다. 우리는 사전 조사를 통해 그중 가장 객관적인 평가 지표로 이미 유럽 내에서 널리 사용되고 있는 바이오체크Biocheck.UGent를 주목했고, 이를 핀란드 양돈 농가의 방역 체계를 평가하는 기준표를 만드는 데 인용하기로 했다. 바이오체크는 벨기에 겐트대학교 연구팀이 수년간 발표한 연구 결과를 기반으로 개발한 축산농가 방역 평가 프로그램이다. 이미 유럽 내 여러 국가에서 사용하고 있고 현재까지도 축적된 데이터를 반영하여 평가 문항과 점수 체계가 계속 업데이트된다.

평가 지표는 농장 내부에서 발생하는 감염원의 확산 위험성과 외부에서 유입되는 감염원의 전파 위험성을 모두 점검하는 총 120여 문항의 질문지로 구성되어 있다. 이 질문지에는 발생 가능한 모든 위험 요소를 전방위적으로 담고 있는데, 그 항목은 ① 돼지 입식 관리 ② 돼지 이동과 분뇨 처리 ③ 사료, 음수, 장비 관리 ④ 직원 및 방문자 관리 ⑤ 설치류 및 조류 통제 ⑥ 입지 환경 관리 ⑦ 질병 위생 관리 ⑧ 분만사 방역 ⑨ 이유돈사 방역 ⑩ 비육사 방역 ⑪ 구획별 전용 장비 사용 ⑫ 청소와 소독으로 구분되어 있다. 감염원의 위험성은 질병 발생과의 관련성 연구를 토대로 비중에 따라 배점이 다르게 책정되어 있다. 이 지표에 따라 농가는 방역에 취약한 부분과 우선순위로 보완해야 할 부분을 스스로 판단할 수 있어 효율적인 방역 체계를 구축할 수 있다.

우리는 바이오체크를 더 점검해 보고 이를 핀란드 양돈 농가 방역 체계를 평가하는 데 적용할 수 있을지 알아보고자 바이오체크를 개발한 제론 드월프Jeroen Dewulf 교수 연구팀과 1박 2일간의 워크숍을 진행했다. 그 자리에는 나와 마리 그리고 핀란드 동물질병관리본부의 이나 토파리Ina Toppari가 참석했고, 겐트대학교에서는 제론과 메렐 포스트마Merel Postma 박사가 참석했다. 워크숍은 내가 바이오체크의 문항을 하나씩 짚어가며 핀란드 양돈 농가 상황에 비추어 적용 가능 여부를 논하면, 제론과 메렐이 답변하고 다른 참석자들은 그에 대한 코멘트를 제시하는 방식으로 진행되었다. 120문항을 전부 꼼꼼히 살펴보려니 하루가 꼬박 걸렸다.

이를 바탕으로 핀란드 양돈 농가의 방역 체계를 평가할 수 있는 프로그램이 만들어졌다. 기존 바이오체크의 질문지를 바탕으로 항목은 그대로 유지하되 일부 문구만 농장 현실에 맞춰 수정했다. 항목을 바꾸면 바이오체크 소프트웨어 프로그램의 점수 산출 방식이 달라지고 그렇게 되면 농장 간의 점수 비교가 어려워지기 때문에 평가 항목을 그대로 유지한 것이다. 우리가 수정한 문항을 바탕으로 평가된 핀란드 농장의 방역 체계 점수는 유럽 내 다른 농장들의 방역 체계 평가 지수와 비교 분석하는 데도 이용될 수 있었다.

# 건강한 사육 환경의
# 밑거름

우리는 연구를 위해 핀란드 서북부 지역에 있는 13개의 양돈 농장을 섭외했다. 이 지역은 핀란드의 최대 양돈 생산 지역으로 양돈장이 밀집된 곳이다. 마리는 아프리카돼지열병 때문인지 연구를 수행할 양돈장을 섭외하는 게 예전보다 어려워졌다고 했다. 농장 방문과 샘플링, 방역 체계 평가는 내 몫이었다. 섭외된 농장은 멀게는 연구실이 있는 헬싱키에서 차로 5시간가량 떨어진 곳도 있었다. 방역 체계 평가와 분변 샘플링, 관리 실태 조사를 위해 모든 농장을 3번 이상 방문해야 했고, 방역을 위해 다음 농장은 이전 농장 방문 후 최소 일주일 후에 방문했다. 그래서 데이터를 수집하는 데만 꼬박 1년 가까이 걸렸다.

농장 관리자들은 낯선 동양인의 방문이 여러모로 귀찮을 법도 했지만 모두 친절히 맞아주었다. 내가 샘플링에 필요한 것들을 요구하면 적극적으로 도와주었고 다소 민감할 수 있는 질문인 동물약품의 사용 여부, 생산 성적, 농장의 수익 등과 같은 질문에도 성실히 답해주었다. 샘플링이 늦어지면 식사를 권하기도 했고 한번은 저녁 늦게 샘플링을 마치고 나오는 나에게 자기 아들 방에서 자고 가길 권한 관리자도 있을 정도로 따뜻하게 대해주었다. 내가 관리자들에게 고마움을 보답할 수 있는 방법은 농장에서 수집한 데이터를 최대한 빨리 분석해서 그 결과를 공유하는 것뿐이었다. 그래서 농가를 방문하고 사무실에 아무리 늦은 시간에 돌아와도 방역 체계 평가는 바로 그날 완료해서 다음 방문 때 결과를 공유했다. 자신들의 방역 평가 결과를 받아본 관리자들은 점수를 떠나서 평가 과정에 만족해했다. 자신의 농장에서 취약한 부분이 어디인지 점검할 수 있고 방역 체계를 강화하기 위해 보완해야 할 부분도 스스로 판단할 수 있기 때문이었다. 내가 그다음 샘플링을 위해 방문했을 때 이미 취약 부분을 보완해 놓고 자랑하던 농장도 있었다.

## 가설을 뒤집은
## 항생제 내성률 검사 결과

우리 연구팀은 항생제 내성 실태를 조사하기 위해 농장마다 항생제를 처방한 그룹과 한 번도 처방하지 않은 그룹의 돼지 분변을 받아 항생제 감수성 검사를 했고, 내성률을 분석했다. 이를 위해 동일한 돼지의 분변을 포유기 때부터 이유기, 육성기, 비육기, 출하 전까지 성장 단계별로 추적해서 샘플링을 했고 이를 가지고 판란

|  | 평균 | 표준편차 | 최솟값 | 중간값 | 최댓값 |
|---|---|---|---|---|---|
| 포유자돈 | 46.6 | 61.2 | 0.6 | 36.8 | 207.0 |
| 이유자돈 | 19.1 | 23.7 | 0.0 | 13.0 | 75.8 |
| 육성·비육돈 | 9.3 | 6.6 | 2.3 | 7.4 | 20.7 |
| 번식돈 | 7.3 | 6.8 | 0.2 | 5.1 | 18.0 |

» [표 1] 핀란드 일관 농장 10곳의 1년간 항생제 사용 빈도(1,000마리 중 일일 항생제 치료를 받은 마릿수) 11

드 식품안전청에서 대장균과 살모넬라균을 지표 세균으로 한 항생제 감수성 검사를 진행했다. 그런데 예상치 못했던 곳에서 문제가 발생했다. 첫 번째 샘플링을 해야 하는 포유기 때 13개 농장 중 항생제를 전혀 처방하지 않은 농장이 절반 이상이었다.

실제로 표 1은 실험 농장의 1년간 항생제 사용량을 분석한 결과다. 가축에서 항생제 사용량을 정량하는 방법은 여러 가지가 있는데, 양돈 농가에서 성장 단계별로 사용된 항생제를 정량하려면 항생제 사용 빈도TI: Treatment Incidence를 계산하는 것이 가장 적절하다. TI는 이론상 1,000마리의 돼지 중 일일 항생제 치료를 받은 마릿수라고 할 수 있다. 표 1에서 보면, 실험 농장에서 1년 동안 하루 이상 항생제 치료를 받은 돼지의 평균 비율은 포유기 4.6%, 이유기 1.9%, 육성·비육기 0.9%, 번식돈 0.7%인 것으로 나타났다.

이런 농장에서는 항생제를 처방한 집단과 처방하지 않은 집단의 내성률 비교 분석이 불가능하다. 항생제 사용량이 이 정도로 없을 줄은 예상하지 못해서 당황했는데 농장 관리자들은 오히려 당연하다는 반응이었다. 어쩔 수 없이 그런 농장에서는 연구를 위해 한 그룹을 선별해 어미 돼지나 새끼 돼지에게 질병 예방용 항생제를 일부러 투약하도록 관리자에게 부탁한 후 샘플링을 진행해야 했다.

반면에 항생제 내성 실태에 대한 조사는 우리 연구팀의 가설을 뒤집는 흥미로운 결과를 보였다. 그림 1은 이러한 결과 중 일부를 논문에서 발췌한 것이다. 그림 1에서 A)는 총 14종 항생제 중 1종 이상 항생제에 대해 내성을 보이는 비율이고, B)는 3종 이상 항생제에 대해 내성을 보이는 비율이다.

그림 1에서 보다시피 연구 농장들은 현저히 낮은 항생제 사용량에 비해 내성률은 높은 수치를 보였다. 이를 유럽의 다른 나라

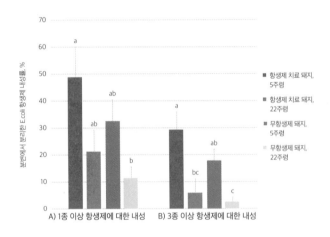

» [그림 1] 핀란드 9개 농장의 5주령과 22주령 돼지 분변에서 분리한 대장균 균주에 대해 총 14종 항생제(ampicillin, azithromycin, ceftazidime, cefotaxime, chloramphenicol, ciprofloxacin, colistin, gentamicin, meropenem, nalidixic acid, sulfamethoxazole, tetracycline, tigecycline and trimethoprim)에 대한 항생제 감수성 검사 결과. a, b, c 서로 다른 문자는 모집단 간 평균의 유의적 차이를 나타낸다.[12]

돼지 복지

에서 보고된 항생제 내성 추적 결괏값과 비교해 보니 항생제 사용량이 많은 나라와 비슷한 수치였다. 또한 항생제를 전혀 처방하지 않은 무항생제 집단에서도 높은 내성률을 보이는가 하면 여러 종류의 항생제에 내성을 보이는 다제 내성률도 나타났고, 심지어는 당시 핀란드에서 20년 전부터 금지되었던 가축 성장 촉진 용도의 항생제에도 높은 내성률을 보이는 농장이 많았다. 13개 농장 중 두 농장에서는 슈퍼 박테리아라고 불리는 MRSA<sup>Methicillin-Resistant Staphylococcus Aureus</sup>도 검출됐다.

어떻게 된 것일까? 그동안 농장 관리자들이 기록한 항생제 사용량은 거짓이었고 암암리에 항생제를 처방하고 있었던 걸까?

## 내부 방역 체계의 중요성

답을 구하기 위해 핀란드 식품안전청에서 축산농가 항생제 내성균 감시 체계 책임 업무를 맡고 있고 본 연구팀에도 참여하고 있는 안나리사 뮬루니에미<sup>Anna-Liisa Myllyniemi</sup> 교수를 찾아갔다. 안나리사는 본인도 짐작하지 못했던 결과라고 했다. 그러면서도 내가 납득할 수 있도록 결과에 대한 나름의 해석을 제시해 주었다.

핀란드 축산농가에서 항생제 사용 규제가 시작된 것은 20~30년 전인 1990년대이다. 당시 유럽은 육식 인구가 폭증하면서 필요한 육류량을 조달하기 위해 축산업 시스템도 변화해야 했다. 이에 가축은 집약적 생산 시스템에서 농후사료를 잘 소화해 내고 성장을 극대화할 수 있도록 유전적으로 개량된 품종만이 선택되었다. 그러면서 전 유럽에서 새로운 질병들이 나타나기 시작했고 이를 극복하기 위해 그동안 여러 종류의 항생제가 핀란드 농장에서도 사용됐다. 안나리사는 당시 무분별하게 사용된 항생제들이 내성균을 키웠고, 이렇게 발현된 내성균이 다른 보통의 박테리아나 미생물처럼 농장 내에 토착화해서 서식하고 있는 것이라고 했다.

농장에서 내성균을 줄이려면 올인올아웃All-in all-out(사육 중인 가축을 전부 다른 곳으로 이동시켜 축사를 비운 후, 새로운 가축을 입식하는 것) 시스템을 통해 농장에 가축을 완전히 비운 후 물 세척, 건조, 소독의 과정을 거쳐 일반 병원성 세균을 박멸하기 위한 조치를 해야 한다. 하지만 우리 연구 농장들은 전염성 질병의 발생이 적었고 농장에 출입하는 사람도 별로 없어서 이 같은 박테리아 박멸 절차의 필요성을 이해하지 못했을 것이고, 그래서 잘 하지 않았을 것이라고 추측했다.

내가 연구 농장의 방역 체계를 평가한 결과는 안나리사의 주장에 대한 근거가 될 수 있었다. 항생제 내성이 많이 나타난 농장들은 방역 체계 평가 결과에서 낮은 값을 보였는데 특히 농가 내부의 방역 조치에 대한 항목에서 낮은 점수를 받았다. 그림 2는 연구 농장의 내부 방역 조치 중 질병 위생 관리와 분만사 방역 항목에 대한 평가 결과와 연구 농장 돼지의 분변에서 분리한 대장균의 항생제 내성을 함께 나타내고 있다. 이를 통해 농가의 내부 방역 조치와 항생제 내성균 전파 사이에 연관성이 있음을 알 수 있다.

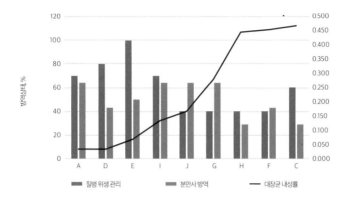

» [그림 2] 핀란드 9개 농장의 질병 위생 관리 및 분만사 방역 평가 결과와 돼지 분변에서 분리한 대장균의 항생제 내성률과의 연관성. 내부 방역 평가 점수가 낮은 농장일수록 지표 세균의 항생제 내성률은 높게 나타났다.

농가 내부 방역은 농가 내에 존재하는 병원체의 확산을 방지하기 위한 조치인데, 예를 들면 앞서 언급한 올인올아웃 시스템 운영, 농장 내부 청소와 소독, 관리자의 작업 동선 간에 방역 조치 등이 이에 해당한다. 이러한 조치들이 미흡하면 농가 내에 서식하는 박테리아와 같은 병원성 미생물이 정착하게 되는데, 이들과 같은 경로로 증식하고 확산하는 내성균들도 마찬가지로 농가에 남아 있게 된다. 연구 결과에서 알 수 있듯, 축산농가 생산 단계에서 항생제 내성균의 확산을 줄이기 위해서는 무엇보다 개별 농가의 방역 체계를 우선 강화해야 한다. 해당 연구는 예방수의학회지[13]에 게재되었다.

# 방역만큼 중요한
# 동물 친화적 사육 환경

반면에 우리 연구 농장에서는 방역 체계와 항생제 사용량 간의 연관성이 발견되지 않았다. 앞서 바이오체크를 개발한 겐트대학교 연구팀은 방역 체계가 허술한 양돈 농장에서 항생제 사용량이 더 많았다는 연구를 발표했다. 방역 체계가 허술하면 질병의 유입과 확산이 늘어 가축에게 사용해야 하는 항생제 총량이 증가하기 때문이다. 따라서 항생제 사용량을 줄이기 위해서는 방역 체계 강화가 필요하다는 게 연구의 요지이다. 그런데 우리가 분석한 13곳의 핀란드 농장은 방역 평가 점수가 스웨덴, 독일, 벨기에, 프랑스 농장들의 평균보다 낮았음에도 불구하고 농가에서 1년간 사용한 항생제의 총량이 오히려 더 낮은 것으로 분석되었다. 마리는 이러한 결과가 핀란드의 농장 관리자와 지역 수의사들이 축산농가 질병 예방용 항생제 사용 규정에 대한 정부의 지침을 얼마나 잘 따랐는지를 보여준다고 했다.

연구 농장에서 검출된 내성균들은 연구 기간 1년 동안 농장에서 사용한 항생제의 종류나 총량과도 관련성을 보이지 않았다. 그렇지만 현재 사용하고 있는 항생제가 새로운 내성균을 발현시킬 수 있고 또 이것이 어떻게 증식하고 확산할지 알 수 없는 노릇이다. 향후 새로운 내성균의 출현을 사전에 방지하기 위해서라도 축산농가 항생제 오남용을 줄일 수 있는 규제가 필요하다.

나는 이것이 가능하려면 농가 방역 체계를 강화하면서 동시에 동물 친화적인 사육 환경이 적용되어야 한다고 본다. 이는 내가 진행한 연구에서도 확인할 수 있다. 실제로 연구에 참여한 13개 농장 중 임신사 군사사육, 분만사 둥지 짓기 행동을 위한 깔짚 제공, 새끼 돼지의 꼬리나 이빨 자르기 금지, 적정 사육두수와 풍부한 행동 표현을 위한 놀잇감 제공 등과 같은 핀란드 동물복지 관련 규정을 위반한 곳은 단 한 곳도 없었다. 나는 샘플링을 진행하던 순간에도 이렇게 동물 친화적인 사육 환경을 보장하기 위한 관리 조항이 있고, 그것을 유지할 수 있는 관리자의 자질을 갖춘 농장에서 과연 항생제가 필요할까 하는 의문이 들었다. 이러한 농장에서 방역 체계 평가 점수와 항생제 사용량의 연관성을 찾는 것은 애초부터 잘못된 접근이었는지도 모르겠다.

# 우리나라 양돈장의
## 사육 환경은 건강한가?

 

 

2011년 이후 우리나라 양돈장에서 사료 첨가용으로 사용할 수 있는 항생제는 법적으로 없다. 그렇지만 현장에서는 질병을 예방하고 생존율을 높이기 위한 목적으로 새끼 돼지에게 주사제를 이용해 항생제를 투약하는 농가가 상당수라고 알려져 있다. 이는 농림축산검역본부의 국가 항생제 사용 및 내성 모니터링 보고서만 봐도 짐작할 수 있다. 보고서에 따르면, 2020년 국내 축산 및 수산용 항생제 및 항콕시듐제 총판매량 중 양돈 농가가 차지하는 비율은 전체 판매량의 55%이다.[14] 여전히 축산농가 중 양돈 농가의 항생제 사용량이 가장 높을 것으로 추정된다. 이를 반영하듯 가축 분변에서 대장균을 분리해 항생제 감수성 검사를 실시한 결과 돼지에서 주로 사용되는 항생제에 대한 내성률이 축종 중 가장 높게 관찰되었다.[15]

소비자들이 고기 섭취를 통해 전이되는 내성균을 걱정할 필요

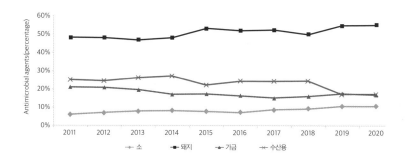

» [그림 3] 국내 축종별(가축 및 수산) 항생제 및 항콕시듐제 판매 추이 비교(2011~2020년). 검정색 선이 양돈 농가다. 전체 축종 중 양돈 농가 항생제 판매량 비율은 47~55%로 가장 높으며 수산용, 닭, 소의 순으로 판매되었다.[16]

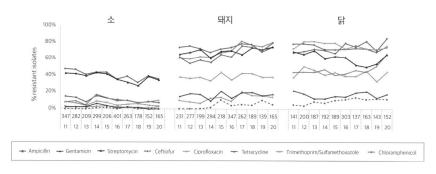

» [그림 4] 국내 축종별 가축 분변 유래 대장균의 항생제 내성률(2011~2022년). 돼지 분변 유래 대장균 내성률은 전반적으로 증가 추세를 보인다. 왼쪽부터 소, 돼지, 닭의 내성률 수치다.[17]

는 없다. 충분히 익힌 고기에는 내성균도 일반 세균과 마찬가지로 생존해 있을 가능성이 희박하다. 또한 돼지고기에 항생물질이 잔류하는 것을 우려할 필요도 없다. 우리나라 농림축산검역본부는 출하돈의 항생물질 잔류 실태를 해마다 모니터링 하고 있는데,

2020년 검사 결과로 보면 잔류 기준을 초과(위반)한 비율이 소, 돼지, 닭에서 각각 0.18%, 0.13%, 0.07% 정도였다.[18] 이는 유럽의 선진국과 비교해도 비슷하거나 낮은 수준이다. 그럼에도 불구하고 국가 항생제 사용 및 내성 모니터링 보고서 결과는 우리나라가 양돈 농가의 항생제 사용량을 줄이기 위해 더 큰 노력을 기울여야 함을 보여준다. 농가는 돼지가 질병에 걸리거나 정상적으로 성장하지 않으면 가장 손쉬운 해결책으로 항생제를 택한다. 바꿔 말하면, 양돈 농가에서 항생제 사용량을 줄이려면 돼지가 건강해야 한다.

**8장**

복지형 분만사와
어미 돼지 관리

# 분만틀 안에서도
## 둥지 짓기 행동은 필수

우리나라 대부분 양돈장에서는 분만틀을 사용하고 있다. 거기에 대부분 분만사의 바닥은 분뇨를 바닥 구멍으로 떨어뜨리는 슬랫 구조이다. 이러한 환경에서 어미 돼지가 할 수 있는 행동은 일어서기, 앉기, 옆으로 혹은 엎드려 눕기가 전부이다. 이 상태에서는 어미 돼지가 분만 직전에 본능적으로 하는 둥지 짓기 행동을 할수 없고 태어난 새끼들과 교감할 수도 없으니 스트레스가 유발되는 것은 당연하고 이는 어미 돼지의 복지를 떨어뜨린다. 그뿐만이 아니다. 앞서 2장에서도 보았듯이, 어미 돼지가 둥지 짓기 같은 본능적인 행동을 표현하는 데 제약을 받으면 뇌하수체에서 분비되는 분만과 포유에 필요한 호르몬이 정상적으로 생성되지 않아서 모성능력이 떨어진다. 새끼를 잘 낳지 못하고, 젖도 잘 먹이지 못하니 어미 돼지의 스트레스는 더욱 가중되고 번식 성적은 좋을 리 없다. 어미 돼지의 둥지 짓기 행동은 이처럼 복지뿐만 아니라 생산성 면에서도 아주 중요하다. 그렇다면 현대식 분만사에서도 이러한 둥지 짓기 행동을 유도할 수 있을까?

## 둥지 짓기 행동과
## 모성 능력의 관계

야생에서 어미 돼지는 크게 세 가지 행동으로 분만 전에 둥지를 짓는다. 코로 땅을 파는 행동rooting, 발로 땅을 긁는 행동pawing, 둥지 재료들을 물어 오는 행동arranging이 그것이다. 그래서 둥지 짓기 행동을 표현하려면 이 세 가지 행동을 할 수 있는 공간과 재료가 필요하다. 공간은 적어도 어미 돼지가 제자리에서 빙그르르 돌 수 있을 정도여야 한다. 둥지 재료는 농장 주변 환경에 따라 차이가 있는데, 유럽에서 진행된 연구를 보면 현대식 양돈장에서 어미 돼지는 지푸라기를 가장 좋아했다.

나는 이러한 어미 돼지의 행동 습성을 이용하여 분만 전후 어미 돼지의 복지 수준과 생산성을 향상시키기 위한 연구를 핀란드 규따야 농장에서 진행한 적이 있다. 이를 위해 분만틀 뒷부분을 개방한 상태로 고정하여 어미 돼지가 제자리에서도 돌 수 있는 최소한의 공간을 확보하고, 바닥에는 지푸라기, 나뭇가지, 신문지, 밧줄 등을 제공해 주었다. 그랬더니 기대했던 대로 분만 전에 어미 돼지의 둥지 짓기 행동이 크게 증가했다. 이와 함께 어미 돼지의 분만 전후 혈중 옥시토신과 프로락틴prolactin 함량이 증가한 것도 확인할

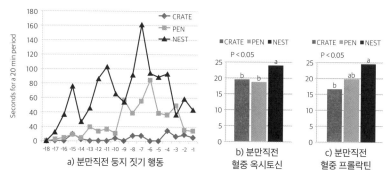

» [그림 5] 둥지 짓기 행동에 필요한 공간과 재료를 제공받은 어미 돼지는 분만 직전 둥지 짓기 행동을 더 많이 표현했고(a. 검정색 선[NEST]), 이러한 어미 돼지는 혈중 옥시토신과 프로락틴 함량이 더 높았다(b, c. 검정색 막대[NEST]).[19]

수 있었다.[20] 이렇게 어미 돼지의 혈중 옥시토신과 프로락틴 함량이 증가하면서 전체 분만 시간이 단축되고, 분만 후 젖도 더 잘 먹이고 새끼들을 돌보는 모성 능력도 좋아졌다.[21] 또한 어미가 분만하기 전 둥지 짓기 행동을 많이 보인 그룹에서 새끼들의 혈액 내 면역 글로불린 함량이 높은 것도 확인됐는데, 이는 새끼들이 양질의 초유를 더 많이 먹었기 때문으로 해석된다.[22]

　이처럼 어미 돼지의 분만 전 둥지 짓기 행동과 모성 능력과의 연관성을 규명한 연구 결과들은 어미 돼지의 복지 수준과 생산성을 향상하기 위한 많은 연구의 기초 자료로 활용될 수 있었다. 특히 지금처럼 자신의 젖꼭지 개수보다 많은 새끼를 낳는 고 다산성 hyperprolific 품종의 어미 돼지일수록 둥지 짓기 행동의 중요성이 더욱 부각되고 있다.

# 분만틀 사육에서 쓸 만한
## 둥지 짓기 유도 재료

　우리나라 양돈장은 어떨까? 최근 우리나라도 유럽과 캐나다의 고 다산성 품종의 돼지를 사육하는 농가가 늘고 있다. 그러면서 분만 성적에 영향을 주는 둥지 짓기 행동을 유도하는 물질을 분만사에 공급하는 것이 어미 돼지의 복지와 생산성을 동시에 향상할 수 있는 관리 기술이라는 것도 차츰차츰 알려지게 되었다. 그러나 분만틀 사육을 하고 슬러리 형태로 분뇨를 처리하는 대부분의 국내 양돈장 분만사에서 둥지 짓기 행동을 유도하는 것은 말처럼 쉬운 일이 아니다. 어쨌든 본능적 행동 억압에 따른 어미 돼지의 정신적, 물리적, 생리학적 스트레스 증가로 인한 복지 문제를 해소하고, 동시에 고 다산성 품종의 생산 효율을 향상시키기 위해서는 우리나라 같은 분만사 환경이더라도 둥지 짓기 행동 표현을 유도하는 것은 필수적이다.

　그렇다면 우리나라 양돈장처럼 분만틀, 슬랫 바닥, 어느 것 하나 포기할 수 없는 환경에서는 둥지 짓기 행동을 어떻게 유도할 수 있을까? 이런 환경에서도 둥지 짓기 행동이 어미 돼지의 복지나 번식 능력을 향상시킬 수 있을까? 이러한 궁금증을 해결하고자 충남 태안에 소재한 양돈장에서 실험을 진행했다.

　농장의 분만사 한 개 방에는 총 26개의 분만펜(1.8m×2.4m)이 있고, 어미 돼지들은 분만 후 태어난 새끼들에게 젖을 먹이는 5주

동안 각 펜의 중앙에 설치된 분만틀(0.6m×1.85m) 안에 갇혀 지낸다. 10년여 전에는 어미 돼지의 평균 몸집이 지금보다 작았기 때문에 분만틀 안에 어느 정도 여유 공간이 있었지만, 지금의 어미 돼지는 산자수 증가를 위해 개량되면서 몸집이 상당히 커졌기 때문에 분만틀은 어미 돼지가 옴짝달싹 못 할 정도로 비좁다. 국내 양돈장이 대부분 그러하듯 이 실험에서도 분만틀은 개방하지 않았다. 바닥은 플라스틱 재질의 슬랫 구조였다.

이런 상황에서 어미 돼지의 둥지 짓기 행동을 유도할 수 있을까? 이 연구는 둥지의 존재나 형상은 신경 쓰지 않았다. 둥지의 역할이 필요한 것도 아니고, 둥지가 만들어질 수 있는 구조도 아니었

» 실험을 진행한 농장의 분만틀. 어미 돼지의 몸집이 커서 분만틀 안에서 움직일 수 있는 여유 공간이 거의 없고, 옆으로 눕는 것조차도 불편할 정도다.

다. 그래서 오직 세 가지(rooting, pawing, arranging) 행동 표현을 유도하는 것에만 집중했다. 이 세 가지 행동을 모두 이끌어내고 계속해서 자극하려면 제공 물질의 내구성이 좋아야 했다. 300kg 어미 돼지의 상당한 힘을 견뎌야 하기 때문이다. 플라스틱 슬랫 바닥 구조를 감안하면 바닥에 까는 물질은 어렵다. 재질은 잘 부러지거나 휘어지면 안 된다. 자칫 날카로워져 어미 돼지와 태어날 새끼 돼지들에게 상해를 입힐 수 있기 때문이다. 이런 점을 모두 고려한 끝에 이번 연구에서는 슬링벨트를 활용하는 계획안을 도출했다.

## 슬링벨트와 면포의 활용

슬링벨트는 보통 화물차에서 물건을 결박할 때 사용하는 끈이다. 시중에 판매되는 슬링벨트는 사이즈가 다양한데, 이번 분만사 연구에 사용한 슬링벨트는 폭 75mm, 길이 1.5m로 100% 폴리에스터 재질의 제품이었다. 슬링벨트는 분만틀 양쪽에 매듭을 지어 어미 돼지의 사료통 앞쪽에 설치했다. 벨트의 중간 부분이 바닥에 닿을락 말락 하게 수평으로 거는 게 중요했다. 여기에 면포를 함께 제공하는 처리구를 하나 더 늘렸다. 면포를 제공한 이유는 어미 돼지는 본능적인 행동 표현뿐만 아니라 촉감을 통해서도 분만 전후 안정감이 높아질 수 있기 때문이다. 면포는 아기들 기저귀로 사용되는 제품으로 순면 재질이고 가로세로 길이가 0.9m인 것을 사용했다. 면포는 슬링벨트를 제공한 처리구 중에서 분만틀 한쪽에 매

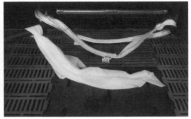

» 어미 돼지의 분만 전 둥지 짓기 행동을 유도하기 위해 분만틀 양쪽에 슬링벨트(왼쪽)와 슬링벨트+면포(오른쪽)를 묶어두었다.

듭을 지어 제공해 주었다.

　이 상태에서 어미 돼지가 분만하기 직전까지 총 24시간을 돈사 천장에 설치한 카메라를 이용하여 녹화한 후 둥지 짓기 행동을 관찰했다. 예상대로 슬링벨트+면포, 슬링벨트, 아무것도 없는 대조구 순으로 둥지 짓기 행동이 더 많이 나타났다. 분만틀에 갇혀 있는 어미 돼지에게 이러한 물질을 제공하는 것만으로도 둥지 짓기 행동 표현을 유도하는 데 효과가 있었던 것이다.

　이러한 결과를 반영하듯 전체 분만 시간과 새끼들 간 분만 간격

|  | 대조구 | 슬링벨트 | 슬링벨트+면포 |
|---|---|---|---|
| 어미 돼지 수 | 9 | 9 | 11 |
| 산자수 | 16.9 | 17.0 | 17.0 |
| 전체 분만 시간(분) | 390.7 | 355.9 | 274.9 |
| 분만 간격(분) | 27.3 | 24.3 | 20.3 |

» [표 2] 둥지 짓기 행동 유도 물질이 어미 돼지의 전체 분만 시간과 분만 간격에 미치는 영향[23]

은 슬링벨트+면포, 슬링벨트, 대조구 순으로 훨씬 짧았다(표 2). 본능적 행동 표현을 유도하자 분만 과정이 더 순조로워진 것이다. 또한 어미 돼지의 욕구 충족은 포유 능력에도 영향을 미쳤는데, 둥지 짓기 행동을 많이 할수록 어미의 젖 먹이는 능력도 높아졌다.[24]

이처럼 분만틀에 감금되어 사육되는 어미 돼지에게도 여전히 둥지 짓기 행동에 대한 본능적인 욕구가 남아 있다. 어미 돼지에게 둥지 짓기 행동 표현을 유도하는 게 왜 중요한지 알 수 있는 부분이다.

# 둥지 짓기를 위한
## 공간과 재료

    돼지를 분만틀에 가둬 키우는 분만사 외에 개방형 분만사에서도 둥지 짓기 행동을 유도할 수 있는 물질을 연구하기도 했다. 실험은 8,000여 마리 돼지를 사육하고 있는 전라남도 진도의 한 농장에서 진행했다. 이 농장은 처음부터 임신사와 분만사 모두 동물복지형 시설로 만들어 운영하고 있었다. 시설은 국내 기술로 만들어졌지만 대부분 유럽의 모델을 참고해 나름 우리나라 실정에 맞게 변형한 형태였다.

    이처럼 현재 우리나라도 동물복지 5개년 종합 계획에 따라 임신사 군사사육 적용과 함께 분만사 사육 방식을 개선하고자 노력하는 양돈장이 조금씩 늘고 있다. 이러한 농장에서는 분만틀을 사용하지 않는 개방형 분만사 혹은 자유 분만사 형태로 사육 구조를 변경하고 있다. 그러나 최근 어미 돼지의 평균 분만 새끼 수가 꾸준히 증가하면서 태어나는 새끼들의 평균 체중이 감소하고 활력이 약해져 압사로 인한 폐사가 증가하고 있다. 이러한 문제는 특히 동물복지형 분만사에서 두드러지게 나타나기에 반드시 풀어야 할 숙제가 됐다. 나는 답은 한 가지라고 생각했다. 어미 돼지의 모성애를 향상시키고 젖 생산, 분비 등을 촉진시키는 호르몬의 분비가 원활하도록, 어미 돼지가 본능적인 모성 행동을 충분히 표현할 수 있는 환경을 만들어주는 것이다.

## 개방형 분만사에
## 적합한 둥지 재료

유럽에서 진행된 연구는 이러한 행동을 자극하는 데 개방형 분만사에서 지푸라기를 제공하는 것이 가장 효과적이라고 밝혔다. 그러나 앞서 얘기했듯이 분뇨 처리 문제 때문에 국내 양돈장에서 지푸라기는 사용할 수 없었다. 이번에는 야자 껍질로 만들어진 매트를 활용해 보기로 했다. 등산로나 공원에서 사람들이 다니기 쉽게 길을 닦거나 신발이 진흙으로부터 더러워지는 것을 방지하기 위해 깔려 있는 그 매트다. 이 매트를 이용하면 어미 돼지에게 지푸라기와 유사한 촉감을 느끼게 할 수 있으면서 둥지 짓기에 필요한 세 가지 행동 표현을 유도하는 데도 효과적일 것으로 기대했다. 게다가 가격도 저렴하고 쉽게 구할 수 있었다. 물론 분뇨 처리에도 방해되지 않아야 했다.

야자 매트의 효과는 기대 이상이었다. 분만 직전의 어미 돼지는

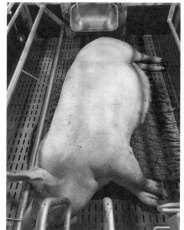

» 어미 돼지가 분만 전 둥지 짓기 행동을 충분히 표현할 수 있도록 야자 껍질로 만든 매트를 제공했다.

매트 위에서 다양한 행동을 보였다. 코로 문지르고, 앞발로 긁고, 야자 껍질의 매듭을 입으로 물어뜯어 풀기도 했다. 이러한 행동들은 어미 돼지가 야생에서 둥지 짓기를 할 때 보이는 행동들과 매우 유사하다.

이렇게 어미 돼지가 둥지 짓기와 유사한 행동들을 많이 하자, 기대했던 대로 전체 분만 시간이 짧아졌다. 분만 중에 죽어서 태어나는 새끼 수도 줄었고, 태어난 새끼들의 활력도 좋아졌다. 어미 돼지가 둥지 짓기 행동을 하면서 매트의 매듭이 풀어 헤쳐지면 일부는 잘라서 버리고 나머지는 깔림 사고를 방지하기 위해 설치한 보호 레일 밑에 깔아두었다. 태어난 새끼들은 엄마의 체취가 배어 있는 흐트러진 매트 위에서 쉬면서 체온을 유지했다. 매트가 풀어 헤쳐지면서 실제로 둥지 역할을 한 것이다. 개방형 분만사에서 새끼들은 체온을 유지하기 위해 엄마 돼지 옆에 붙어 있다가 깔려 죽는 경우가 많은데, 새끼들을 보호 레일 밑으로 자연스럽게 유도하니 압사가 줄었다. 어미 돼지는 포유 활동도 더 활발히 했다. 자연히 새끼 돼지들의 체중이 증가했고, 이유하기 전까지 죽는 비율도 줄었다.

어미 돼지의 둥지 짓기 행동 표현에 따른 긍정적인 영향은 이유 후까지 이어졌다. 우리는 직장 초음파 촬영으로 어미 돼지의 난포 발육 상태를 모니터링했는데, 이유 후 3일 차부터 배란 직전까지 난포의 크기가 야자 매트를 제공한 그룹에서 더 큰 것을 확인할 수

» 개방형 분만사에 깔린 야자 매트(왼쪽). 새끼 돼지들이 야자 매트를 둥지로 이용하고 있는 모습(오른쪽)

있었다. 이는 분만 전 둥지 짓기 행동을 더 많이 한 어미 돼지가 포유 기간에도 더 긍정적인 감정을 많이 느끼고, 이것이 이유 후에도 난포 발육에 영향을 미치는 호르몬의 생성과 분비를 원활하게 하는 것으로 해석될 수 있다.[25] 이는 어미 돼지의 복지 수준을 개선하기 위한 노력이 번식 능력 향상으로 이어지는 선순환 구조가 가능

| | 대조구 | 야자 매트 제공 처리구 |
|---|---|---|
| 어미 돼지 수 | 8 | 8 |
| 산자수 | 15.5 | 14.6 |
| 전체 분만 시간(분) | 242.6 | 214.4 |
| 분만 간격(분) | 17.1 | 15.5 |
| 태어난 후 첫 젖 먹는 데 걸린 시간(분) | 25.6 | 22.0 |

» [표 3] 개방형 분만사에서 야자 매트 제공이 어미 돼지의 분만 과정과 새끼 돼지의 활력에 미치는 영향

| | 대조구 | 야자 매트 제공 처리구 |
|---|---|---|
| 이유 3일 차 난포 직경 (mm) | 5.47 | 5.92 |
| 이유 4일 차 난포 직경 (mm) | 5.93 | 6.46 |
| 이유 5일 차 난포 직경 (mm) | 5.93 | 6.10 |

» [표 4] 개방형 분만사에서 야자 매트 제공이 어미 돼지의 이유 후 난포 성장에 미치는 영향

함을 입증하면서, 복지형 사육 시설에서 생산성이 떨어질 것이라는 생산자들의 우려가 기우임을 보여준다.

## 예상치 못한 변수

이 연구를 하면서 야자 매트 같은 재료가 우리나라처럼 바닥이 슬랫 구조인 분만사에서 둥지 짓기 재료의 대안이 될 수 있고, 이것이 돼지의 복지와 생산성 향상에 기여할 수 있으리라는 기대가 커졌다. 그런데 실험을 진행한 농장에서 예기치 않은 문제가 발생했다.

이 농장은 분만사에서 나온 분뇨를 슬러리 형태로 모아서 미생물 발효를 시킨 뒤 일부를 다시 돈사 피트 내 분뇨 슬러리가 있는 곳으로 흘려보내는 액비순환시스템을 운영하고 있었다. 액비순환시스템은 우리나라 양돈장 운영의 가장 큰 어려움인 분뇨 처리와 악취 문제를 해소하는 데 효과적이라고 알려지면서 이를 설치하는 농가들이 빠르게 늘고 있다. 실험 농장에서는 분뇨를 슬러리 형태로 모아둔 수조 안에 미생물 생장을 위한 산소 공급 장치와 분뇨를 돈사로 보내기 위한 수중 펌프가 설치되어 있었다. 그런데 이 펌프들이 고장 나서 분해해 보았더니 모터를 막아버린 것은 다름 아닌 야자매트에서 떨어져 나간 찌꺼기들이었다.

나는 찌꺼기들이 바닥 밑으로 빠져 슬러리가 흘러가는 파이프를 막을까 걱정했지 액비순환시스템의 펌프들은 전혀 생각하지 못했다. 농장 관리자도 찌꺼기가 분만사 바닥 밑으로 빠지는 것을 보긴 했었는데, 발효되면 다 분해될 것이라고 생각해 그냥 지나쳤다고 말했다. 결국 액비순환시스템을 적용한 농가에서는 야자 매트를 사용하는 데 어려움이 발생할 수 있다는 것을 비싼 대가를 치르고서야 알게 됐다. 어쨌든 야자 매트 활용의 문제점이 드러나기는 했지만, 어미 돼지의 복지를 높이는 일이 생산성 향상으로 이어질 수 있다는 걸 분명하게 확인할 수 있는 연구였다.

# 어미 돼지의
## 산화스트레스 관리

야생에서 어미 돼지가 둥지를 짓는 이유는 천적이나 추위로부터 새끼들을 보호하기 위해서다. 그런데 이러한 위협이 철저하게 통제되는 현대식 분만사에서 사육되는 어미 돼지도 야생의 어미 돼지와 매우 유사한 둥지 짓기 행동 패턴을 보인다. 둥지가 필요 없는 혹은 둥지를 만들 수 없는 환경이라도, 본능적으로 둥지 짓기 행동을 하는 것이다. 어미 돼지가 오랜 시간 분만틀에 길들여졌더라도 이러한 행동은 퇴화하지 않는다. 이를 입증하기 위해 스웨덴에서는 분만틀에서 분만과 포유 경력이 몇 차례 있는 어미 돼지들을 야생에 풀어놓는 연구를 진행한 적이 있다. 그랬더니 어미 돼지들은 분만 전까지 집단으로 생활하다가 분만할 때가 되자 각자 그룹을 떠나 평균 6.5km 정도를 이동하여 그곳에서 둥지를 짓고 새끼를 낳았다.[26]

더욱 신기한 점은 어미 돼지가 태어나지도 않은 배 속의 태아

» 분만틀에서만 사육되던 어미 돼지를 야생에 풀어놓았는데, 분만 직전에 둥지를 짓기 위해 땅을 파고, 주변에서 풀잎들을 모아 왔다. 사진 제공: Anna Valros

수에 따라 둥지 크기를 달리했다는 것이다. 태아가 많을수록 둥지를 크게 지었다. 덴마크 오르후스대학교의 연구에서는 현대식 분만사에 둥지를 지을 수 있는 최소한의 공간과 재료를 제공하고 둥지 짓기 행동 패턴을 분석했더니 둥지를 짓는 데 많은 시간을 소요한 어미 돼지가 더 많은 새끼를 낳는 걸 관찰할 수 있었다.[27]

## 고 다산성 어미 돼지의
## 둥지 짓기 행동

현재 국내 많은 양돈 농가들이 고 다산성 품종의 어미 돼지를 사육하고 있는 것을 고려하면 이러한 어미 돼지의 본능적인 습성을 더욱 주의 깊게 살펴볼 필요가 있다. 앞서 분만 직전 둥지 짓기 행동과 전체 새끼 수의 연관성을 보여주는 오르후스대학교의 연구[28]를 참고하면, 고 다산성 품종의 어미 돼지일수록 둥지 짓기 행동에 대한 본능적인 욕구가 더욱 클 것임을 짐작할 수 있다. 이 때문에 둥지 짓기 행동을 표현하지 못할 때 느끼는 스트레스도 더 크리라고 짐작할 수 있고, 이는 어미 돼지가 새끼를 돌보는 데에도 악영향을 미칠 수 있다.

우리 연구팀은 실제로 고 다산성 품종의 어미 돼지를 관찰하여 분만하는 새끼 수에 따른 둥지 짓기 행동 패턴을 분석했다. 실험은 어미 돼지의 체중이나 출산 경력에 따른 변수를 배제하기 위해 첫 분만을 앞둔 돼지들만 이용했다. 젖이 제대로 나오는 젖꼭지 수는 대부분 어미 돼지마다 14개 정도였고, 이를 기준으로 어미 돼지가 14마리 이하의 새끼를 낳으면 일반 돼지로, 15마리 이상이면 고 다산성 돼지로 그룹을 나눴다. 어미 돼지에게는 각자 2.4m×2.3m의 개방형 분만사 공간을 제공했다.

분만 직전 24시간 동안 둥지 짓기 행동을 분석한 결과는 매우 흥미로웠다. 예상과는 반대로 고 다산성 돼지가 일반 돼지보다 둥지 짓기에 소요한 총시간이 더 짧은 것으로 관찰됐다(그림 6). 이것은 앞선 오르후스대학교의 연구 결과[29]와도 상반된다. 좀 더 자세히 들여다보면, 분만하기 24시간 전에서 12시간 전까지 총 12시간 동안만 고 다산성 돼지가 일반 돼지보다 둥지 짓기 행동을 덜 했고, 이후부터 분만 직전까지 총 12시간 동안에는 두 그룹에서 차이가 없었다. 분만 직전 2시간 동안만 놓고 보면 고 다산성 돼지가 일반 돼지보다 더 많이 둥지 짓기 행동을 보였다. 고 다산성 돼지가

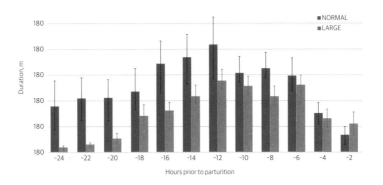

» [그림 6] 일반(NORMAL) 및 고 다산성(LARGE) 어미 돼지의 분만 전 24시간 둥지 짓기 행동 분석 그래프[30]

일반 돼지보다 둥지 짓기 행동을 시작하는 시점이 더 늦고, 그러면서 전체적으로 둥지 짓기 행동을 덜 하게 되어 욕구를 충족시킬 수 없는 것으로 보였다. 그래서 분만 바로 직전 2시간 동안에 고 다산성 돼지에게서 더 많은 둥지 짓기 행동이 관찰된 것이다.[31]

## 어미 돼지의
## 산화스트레스 증가

어미 돼지의 둥지 짓기는 호르몬 작용의 관여로 시작한다. 분만이 가까워지면 황체에서 분비되는 프로게스테론progesterone이 줄어들면서 뇌하수체에서는 프로락틴이 분비되기 시작하고, 이때 혈중 프로락틴 함량이 증가하면서 둥지 짓기 행동이 촉발된다. 그런데 프로락틴 함량은 항산화 능력과 상관관계를 보인다. 체내 활성산소종reactive oxygen species이 많이 생성되어 항산화 능력이 떨어지면 프로락틴 함량도 줄어들게 된다. 우리 연구에서 고 다산성 돼지가 일반 돼지보다 둥지 짓기 행동을 늦게 시작하고 소요 시간도 짧았던 이유가 여기에 있었다.

분만 전후 어미 돼지는 태아 성장에 필요한 에너지 요구량이 증가하고 자궁 내막의 대사가 활발해지면서 활성산소종이 과잉 생산되고, 항산화 능력이 떨어진다. 고 다산성 품종의 돼지는 더 많은 새끼를 자궁 내막에 착상시키고 성장시켜야 하므로 항산화 능력이 더 악화된다. 우리 연구는 실제로 분만 전후 고 다산성 돼지에

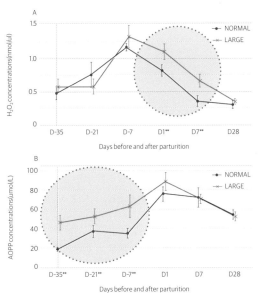

» [그림 7] 고 다산성 어미 돼지(LARGE, 빨간색 선)가 일반(NORMAL, 검정색 선) 어미 돼지보다 분만 전후 산화스트레스를 나타내는 과산화수소(A, $H_2O_2$)와 산화 단백질 생성물(B, AOPP) 수치가 더 높았다.[32]

서 더 높은 수준의 산화스트레스 지표를 확인했고, 초유 내 프로락틴 함량이 더 낮은 것을 확인할 수 있었다(그림 7). 따라서 고 다산성 돼지의 둥지 짓기 행동 욕구를 충족하려면 행동 개시의 방아쇠 역할을 하는 프로락틴이 정상적으로 분비되어야 하고, 이를 위해서는 산화스트레스를 조절하는 방안을 함께 고민해야 한다.

어미 돼지의 분만 전후 높은 산화스트레스와 이로 인한 번식 능력 저하는 이미 잘 알려져 있다. 그래서 상업용 사료에는 항산화 기능을 갖춘 비타민, 셀레늄 같은 첨가제들이 허용 최대치 수준으로 첨가되어 있다. 여기서 첨가량을 더 늘리기는 현실적으로 어렵다. 소화되지 않은 첨가제들이 환경오염을 불러올 수 있고, 산화 촉진제prooxidant 작용으로 오히려 뜻하지 않은 부작용이 나타날 수도 있기 때문이다.

다양한 실험을 진행하면서 이를 해결하기 위한 여러 가지 방안을 심도 있게 고민해 왔다. 둥지 짓기 행동이 호르몬 작용에 의해 시작된다고 하더라도, 그 행동을 활성화하는 데 관여하는 것은 분명히 행동을 풍부하게 할 수 있는 환경이다. 첫째로 둥지 짓기에 필요한 세 가지 행동 표현을 가장 극대화할 수 있는 재료를 제공하자는 생각이 먼저 들었다. 물론 국내 농가 현실을 고려해 분뇨 처리나 관리 면에서 부담을 주지 않는 재료여야 한다. 그런 면에서 앞서 액비순환시스템에서의 한계를 보긴 했지만, 야자 매트도 좋은 재료 후보가 될 수 있다.

다른 방안은 생균제probiotics를 활용하는 것이다. 양돈 분야에서

|  | 대조구 | 생균제 급여 처리구 |
|---|---|---|
| 어미 돼지 수 | 11 | 9 |
| 산자수 | 16.0 | 15.9 |
| 전체 분만 시간(분) | 346.2 | 187.9 |
| 분만 간격(분) | 22.8 | 12.8 |
| 분만 전 24시간 동안 둥지 짓기 행동을 표현한 시간(분) | 164.3 | 239.6 |

» [표 5] 고 다산성 어미 돼지에게 복합 생균제를 급여했을 때, 분만 직전 둥지 짓기 행동과 분만 과정에 미치는 영향[33]

생균제는 주로 젖 뗀 돼지들의 설사를 예방하기 위한 연구들에 활용되었는데, 최근에는 돼지 대장 내 미생물의 기능이 차츰차츰 밝혀지면서 이슈로 떠오르고 있다. 그중에는 돼지의 감정 조절에 관여하는 기능도 포함된다. 돼지가 우울감, 따분함, 좌절감, 두려움 같은 부정적인 감정을 느끼거나, 혹은 행복감, 즐거움, 유쾌함 같은 긍정적인 감정을 느낄 때 특정 미생물군이 관여한다는 사실이 밝혀진 것이다. 우리는 어미 돼지의 산화스트레스를 조절하는 미생물들을 선별하여 사료 내 생균제 형태로 첨가하는 실험을 진행했고, 현재 데이터 분석 중이다. 현재까지 수집된 데이터로는 고 다산성 품종의 둥지 짓기 행동 표현과 분만 과정에 매우 긍정적인 영향을 미친 것이 확인되었다(표 5).

# 옥시토신의
## 역설

관행적인 관리 방식에 익숙한 농가는 옥시토신을 주성분으로 한 약품이 분만 과정을 돕는 만병통치약인 양 무분별하게 사용해 왔다. 특히 고 다산성 품종을 도입한 이후 평균 분만 시간이 길어지면서 옥시토신에 의존한 관리가 필수적이라고 여기는 농가가 최근 들어 상당히 많아졌다. 그러나 호르몬 작용은 여러 요소와 맞물려서 돌아가기 때문에 호르몬 제제를 인위적으로 투여하면 다양한 부작용을 겪을 수 있다. 분만사에서도 옥시토신 주사는 보다 신중하게 사용할 필요가 있다. 그러려면 먼저 돼지의 분만 과정을 정확히 알아야 한다.

### 3단계 분만 과정

돼지의 분만 과정은 3단계로 구분된다. 1단계는 둥지 짓기 행동을 하는 과정이고, 2단계는 자궁 경부가 확장되면서 새끼들이 어미 몸 밖으로 나오는 과정, 3단계는 새끼들을 감싸고 있던 태반이 나오는 과정이다. 일반적으로 돼지는 분만하기 24시간 전부터 둥지 짓기 행동을 시작하고 분만 시작 12시간 전부터 6시간 전까지 가장 활발하게 하다가 분만이 임박하면 둥지 짓기 행동을 멈추고 옆으로 누워 안정된 자세를 취하면서 2단계로 넘어간다.

그런데 1단계에서 둥지 짓기 행동이 충분히 표현되지 않으면 2단계에서 분만이 시작된 후에도 계속해서 둥지 짓기 행동을 하거나 혹은 이와 유사한 행동을 보인다. 이때 먼저 태어난 새끼들은 초유를 먹을 수 있는 기회가 줄어들고, 어미 돼지의 움직임에 의해 압사 위험이 높아진다. 이뿐만이 아니다. 2단계에서 어미 돼지가 안정된 자세로 분만하지 않으면 새끼가 산도를 통과해 빠져나오는 과정이 더뎌지면서 자궁 내에서 질식사하거나 살아서 태어나더라도 저산소증을 겪으며 활력이 떨어진다. 또한 전체 분만 시간도 길어지면서 어미 돼지는 더 오랜 시간 산통과 스트레스를 겪는다. 그러다 보면 자궁 경부가 오랫동안 확장되어 있으면서 감염원이 자궁 내로 침입하여 자궁 내 염증 질환의 위험이 높아질 수도 있다. 그렇기 때문에 1단계에서 충분히 둥지 짓기 행동을 표현하는 것은 어미 돼지의 욕구 충족 면에서도 중요하지만 원활한 분만과 어미와 새끼들의 건강을 위해서도 반드시 필요하다.

이러한 3단계의 분만 과정은 뇌하수체에서 분비되는 옥시토신에 의해 조절된다. 분만 직전 분비되는 옥시토신은 어미 돼지의 둥지 짓기 행동을 멈추게 하고 자궁 내막과 경부의 근육을 이완시켜 산도birth canal를 확장하고 분만을 원활하게 한다. 그런데 스트레스 상황에서는 옥시토신이 순조롭게 생성되지 않는다. 특히 분만 직전 둥지 짓기 행동 제약에 따른 스트레스는 옥시토신의 정상적인 생성과 분비를 막아 분만 과정을 어렵게 한다. 이럴 때 보통의 농가에서는 옥시토신을 어미 돼지의 근육에 직접 투여한다. 옥시토신이 분만 유도제 혹은 분만 촉진제라고 불리는 이유이다. 대게 관행 농가에서는 어미 돼지가 분만 예정일이 지났는데도 분만하지 않거나, 분만이 지연되거나, 혹은 단순히 분만이 시작할 것만 같아도 옥시토신을 투여한다.

## 옥시토신의 부작용

관행적으로 옥시토신을 투여하는 관리 방식에는 부작용도 많이 따른다. 옥시토신은 뇌에서 시상하부의 신호를 전달받아 뇌하수체에서 필요한 양만큼만 만들어지고 분비되는데, 외부에서 인위적으로 투입되면 여기에 저항성을 갖게 된다. 예를 들어 이번 분만 과정에 필요한 옥시토신 함량이 100인데 외부로부터 50이 유입되었으면, 다음번 분만 과정에는 50만큼의 외인성 옥시토신을 감안해서 뇌하수체에서 100보다 적은 양의 옥시토신을 만들게 된다. 그래서 옥시토신을 투여한 어미 돼지는 다음 분만 과정에서 체내에서 필요한 만큼의 옥시토신을 스스로 생성할 수 없게 되고, 인위

돼지 복지

적으로 투입되는 옥시토신에 의존해야 하는 악순환이 반복된다.

또한 외인성 화합물까지 더해져 옥시토신의 총함량이 필요 수준을 넘어서는 것도 문제다. 분만은 태아가 모체의 자궁과 연결된 태반에서 벗어나 스스로 움직이면서 자궁 내막을 자극하고, 이에 따라 자궁 근육이 이완, 수축하는 연동운동으로 산도를 빠져나오는 것이 이상적이다. 이 과정에서 탯줄은 분리되거나 혹은 매달린 채 출산되기도 한다. 그런데 모체의 혈중 옥시토신 함량이 높으면 자궁 내막과 경부의 근육이 늘어지면서 태아가 태반을 벗어나지도 못한 채 밖으로 빠져나온다. 이때부터는 폐호흡을 해야 산소를 공급받을 수 있는데, 태반에 감싸진 태아는 그대로 숨 한 번 못 쉬어

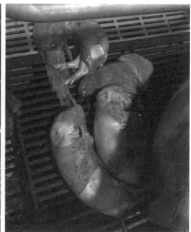

» 태반에 감싸진 채 이미 죽은 상태로 분만된 새끼 돼지들

보고 질식해 사망한다. 간신히 스스로 태반을 찢고 나오더라도 오랫동안 산소 공급이 중단되어 저산소증을 겪는다. 그러면 활력이 떨어져 초유 섭취가 늦어지고 그대로 어미 몸에 깔려 죽는 압사의 위험성도 높아진다. 또한 분만 과정이 모두 끝났더라도 모체의 과도한 옥시토신 함량으로 인해 자궁 경부가 꽉 닫히지 못하고 열려 있기도 하는데, 이때 외음부와 질을 통해 감염성 박테리아가 자궁 내로 침입하여 감염을 일으킬 수도 있다.

이렇게 어미 돼지의 번식 능력이 떨어지면 상업용 농가에서는 수익성을 고려해 해당 돼지를 도태시키고 그 자리를 새로 육성한 어미 돼지로 대신한다. 어미 돼지가 새끼를 낳은 횟수를 산차라고 하는데 우리나라는 평균 4~5 산차가 되면 도태시킨다. 산차가 적은 어미 돼지의 면역력 수준은 그와 정비례하여 낮을 수밖에 없다. 그만큼 농가에서는 어미 돼지의 질병 예방을 위한 약품 투여나 백신 접종 횟수를 늘린다. 이뿐만이 아니라 산차가 적은 모체에서 생성된 초유의 면역 스펙트럼도 좁을 수밖에 없다. 어미의 초유를 섭취하여 면역력을 획득해야 하는 새끼들까지 전염성 질병의 위협에 노출되는 악순환의 구조가 만들어지는 것이다.

# 개방형 분만사
## 압사 방지를 위한 연구

유럽에서는 "Cage Free(케이지 프리)"를 슬로건으로 내세우며 농장동물의 감금 사육 시설을 금지하는 법안들이 계속해서 나오고 있다. 이에 양돈 분야에서도 2013년부터 전면적으로 추진된 임신사 스톨 사육 금지뿐만 아니라, 이제는 분만사 분만틀 사육을 금지하는 나라들도 조금씩 늘어나는 추세다.

우리나라도 동물복지형 농장에서는 인증제도(동물보호법 제29조)에 의해 분만틀 사육이 금지됐고, 그 대신 개방형 분만사 혹은 자유 분만사 형태로 사육해야 한다. 개방형 분만사는 어미 돼지의 둥지 짓기 행동을 위한 최소한의 공간을 제공하고, 분만 후 새끼가 어미의 젖을 물 때 분만틀처럼 물리적인 장애물이 없는 것이 장점이다. 그러나 이러한 장점에도 불구하고 분만틀 감금 사육 및 관리에 익숙한 우리나라 양돈 농가들은 개방형 분만사에서 압사로 인한 새끼들의 폐사율이 증가할 수 있다는 우려 때문에 실질적인 도입에 많은 어려움을 느끼고 있다. 더욱이 최근 고 다산성 품종으로 산자수가 늘어남에 따라 태어나는 새끼들의 평균 체중이 감소하고 활력이 떨어지면서 압사 비율이 더욱 늘었다. 이 때문에 오히려 동물복지형 분만사에서 생산성뿐만 아니라 복지 수준이 떨어지고 있다는 이야기까지 나온다.

## 개방형 분만사의
## 스트레스 요인

새끼 돼지의 폐사 원인 중 감염병을 제외하면 가장 큰 비중을 차지하는 것이 압사다. 기존 연구들은 개방형 분만사의 경우 넓은 공간이 확보되면서 어미 돼지가 자세를 바꾸거나 일어나 움직이는 횟수가 증가하게 되고, 그만큼 압사 가능성이 높아진다는 연구 결

| 새끼 돼지 폐사 | | 분만틀 물기 | | 행동 관찰 | |
|---|---|---|---|---|---|
| | | 횟수 | 총시간 | 자세 변화 수 | 기립 수 |
| 총폐사율 | r | 0.45 | 0.49 | 0.38 | 0.31 |
| | P value | 0.01 | < 0.01 | < 0.001 | < 0.01 |
| 압사 | r | 0.51 | 0.46 | 0.37 | 0.32 |
| | P value | < 0.01 | 0.01 | < 0.001 | < 0.01 |

» [표 6] 생후 24시간 동안 새끼 돼지 폐사와 어미 돼지 행동과의 상관관계[34]. P value 값이 0.05 이하일 때 상관성이 있음을 의미하고, 상관계수 r 값이 1에 가까울수록 높은 상관관계임을 의미한다.

과를 보여주었다. 그러나 내가 핀란드 동물복지연구소에서 진행한 연구에 따르면, 개방형 분만사에서 어미 돼지의 움직임이 증가하는 건 공간의 규모보다 어미 돼지가 받는 스트레스와 더 연관이 깊었다. 표 6은 어미 돼지의 스트레스를 나타내는 분만틀을 무는bar-biting행동과 분만 중 자세를 바꾸거나 일어난 횟수가 많을수록 새끼 돼지의 압사율과 총폐사율이 높아진다는 걸 보여준다.

어미 돼지가 분만틀 감금 사육 환경보다 개방형 분만사에서 당연히 스트레스를 덜 받을 것이라고 판단해서는 안 된다. 분만틀에서만 사육되던 어미 돼지는 개방형 분만사에 진입했을 때, 낯선 환경에 대한 불안에서 오는 스트레스를 경험할 수 있다. 더욱이 어미 돼지 자신이 감금 사육 시설에서 태어났다면, 개방형 분만사에서 어떻게 새끼들을 돌보고 젖을 먹여야 하는지 어미로부터 배우지

» 개방형 분만사. 자신의 분만 환경이 주변 어미 돼지에게 노출될 수 있는 상황은 스트레스로 작용한다.

못했기 때문에 새끼들을 대할 때 스트레스가 더욱 가중된다. 또한 개방형 분만사에서 어미 돼지는 사방으로 움직일 수 있는데, 본능적인 습성을 고려하면 돼지는 분만할 때 고립된 곳에 있어야 더 안정감을 느낀다. 그래서 옆 펜의 다른 어미 돼지와 물리적으로 가까워 접근 가능한 상황도 스트레스 요인으로 작용할 수 있다.

위에서 언급한 문제를 최소화하려면 개방형 분만사 혹은 자유 분만사에서 새끼들의 압사를 물리적으로 예방할 수 있는 장치를 설치해야 한다. 돼지는 생리적으로 체온 조절 기능이 떨어지기 때문에 갓 태어나면 어미 곁에 달라붙어 체온을 유지하려고 한다. 어미 돼지의 움직임이 자유로운 개방형 분만사에서는 이로 인한 압사가 자주 발생하기 때문에, 새끼들이 편안히 쉴 수 있는 쉘터를 비롯해 보온등, 보온 패널처럼 갓 태어난 새끼들의 체온을 유지할 수 있는 설비를 더욱 철저히 관리해야 한다. 또한 어미 돼지가 털썩 주저앉음으로 발생하는 압사를 줄이기 위해 몸을 기댈 수 있는 판을 마련하거나, 분만펜 벽면에 새끼들이 끼이지 않도록 하는 보

» 자유 분만사에서 새끼들의 깔림 사고를 예방하기 위해 설치된 판(왼쪽), 벽면 보호 레일(오른쪽)

호 레일 등의 시설을 설치하는 것도 방법이다.

## 압사 방지를 위한
## 스마트 장비 활용

최근 우리 연구팀은 스마트 장비를 활용한 압사 예방 연구를 진행 중이다. 사물 인공지능AIoT을 활용하여 깔림 사고를 인식한 후 압사가 되기 전에 어미 돼지를 일으켜 세우는 기술을 개발하는 것이다. 10년여 전 핀란드 동물복지연구소에서 근무할 때도 이와 비슷한 연구를 진행했는데, 당시에는 영상 장비를 활용하여 AI가 깔림 사고를 인식하는 기술을 발표했다.[35] 이번에는 한층 업그레이드된 AI를 탑재하여 정확도는 높아지고 반응 속도도 훨씬 빨라질 것으로 기대한다.

깔림 사고를 인식하는 데에서 끝나지 않고, 어미 돼지의 자세나 행동을 변경할 수 있는 액추에이터actuator 시스템을 통해 새끼 돼지가 깔림 이후 폐사되기 전에 벗어날 수 있도록 돕는 기술을 연구하고 있다. 액추에이터로는 강한 바람, 차가운 물, 저주파 충격 등 직접적으로 자극을 주는 방법과, 청각이 발달한 돼지의 습성을 이용해 새끼 돼지들이 깔림 사고를 당했을 때 내는 소리를 녹음하여 들려주는 방법 등을 고려하고 있다.

현재까지 우리 연구팀의 깔림 사고 인식 기술의 정확도는 99.8%로 상당히 높은 수준이다. 여기에 더해 인식하지 못하는 영상의 사각지대와 아직 데이터가 미진한 부분을 다양한 분만사 환경의 데이터를 취합해 보완하는 연구가 진행 중이다. 이를 통해 서로 다른 분만사 환경에서도 깔림 사고를 정확히 인식하는 기술을 개발해 우리나라 동물복지형 양돈 농가에 적용해 보며 최적의 모델을 구현하겠다는 목표를 세웠다.

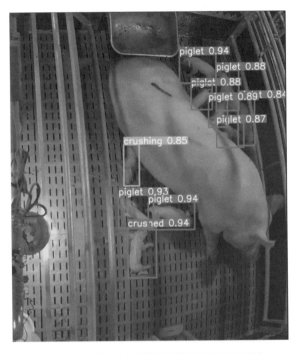

» 개방형 분만사에서 AIoT 프로그램이 새끼 돼지들의 깔림 사고를 인식하고 있다.

돼지 복지

# 9장

# 탄생부터 비육까지

# 새끼 돼지
## 건강 평가 기준표

고 다산성 품종은 더 많은 새끼를 낳지만 정작 새끼들은 더 작고 약하게 태어나는 경향을 보인다. 더군다나 한 어미에서 태어난 새끼들 간의 체중 차이가 벌어지면서 그중 작은 새끼들의 생존율은 현저하게 떨어진다. 작은 새끼 돼지들은 경쟁에서 밀려 모유 섭취를 제대로 하지 못하기 때문에 영양부족으로 탈진 상태에서 죽기도 하고 그러지 않으면 활력이 떨어져 어미에게 깔려 죽는 일이 다반사다. 2019년 미국 캔자스대학교의 연구를 보면 태어났을 때 체중이 1.11kg 미만인 새끼 돼지의 34%가 이유하기 전에 사망했는데, 이 숫자는 이유 전 폐사한 전체 돼지의 43%를 차지할 만큼 낮은 생존율이다.

이렇게 작게 태어나는 돼지들은 생존 경쟁력이 떨어지기 때문에 일반적으로 농가에서는 태어나자마자 안락사시킨다. 이들을 집중적으로 관리하는 데 노동력을 낭비하는 것보다 나머지 건강한 새끼들의 성장에 집중하는 관리가 생산성 면에서 더 효율적이기 때문이다. 이때 안락사 여부는 현장에서 관리자가 판단한다. 보통 눈대중으로 몸집이 작으면서 활력이 없어 보이는 돼지가 지목된다. 또는 체중이 적게 나가는 돼지 중 IUGRIntra-Uterine Growth Restriction 특징을 보이는 돼지도 주로 안락사 대상이다. IUGR은 자궁 내에서 성장이 지체되는 것을 의미하는데 이 경우 새끼 머리 앞부분이 돌고래처럼 둥그렇게 돌출되거나, 눈이 튀어나오거나, 혹은 입 주변에 잔주름이 많은 특징을 보인다. 통상적으로 관리자는 이런 특징이 보이는 새끼들을 안락사 대상으로 결정한다.

## 고 다산성 품종과
## 안락사 기준 마련의 필요성

그런데 이제는 고 다산성 품종이 많아지면서 새끼들의 생시 체중이 전반적으로 줄었고 IUGR 돼지들은 더 많이 태어나고 있다. 그런데도 기존의 잣대로 안락사 대상을 판단하면 고 다산성 품종을 도입하여 생산성을 높이려는 목적이 무색해지는 아이러니가 발생한다. 지금은 사양 관리 면에서 이들의 생존력을 높이기 위해 많은 연구가 진행되고 있는데, 이를 통해 과거 안락사 대상이었던 돼지들도 상당수는 충분히 건강하게 키울 수 있다는 사실이 입증되었다. 따라서 안락사 판단 기준을 보다 명확하고 객관적으로 정립해야 할 필요가 대두되고 있다. 그런데, 안락사가 반드시 필요할까? 다른 대안은 없을까?

분만사에서 직접 출산 과정을 지켜보며 관리한 새끼들을 내 손으로 죽이는 것은 참 못 할 짓이다. 대학원생일 때는 이런 새끼들을 쉘터에 넣어두고 어미의 모유를 직접 짜서 먹이며 키워보려고 숱하게 노력했다. 안타깝게도 성공한 사례는 거의 없었다. 사인을 정확히 확인해 볼 겨를은 없었지만, 그때마다 관리 일지에는 '체미(체중미달)'로 인한 사망이라고 기록했다. 이런 돼지들은 시름시름 앓다가 결국 죽었다. 보통 태어나서 5일을 채 넘기지 못했는데, 짐작건대 그 기간 내내 고통과 스트레스를 겪었을 것이다. 당사자뿐만 아니라 다른 새끼들에게도 형제자매의 고통스러운 모습과 죽음을 곁에서 지켜보는 것은 부정적인 경험이다. 또한 만일 죽은 돼지의 사인이 감염성 질병이었다면 이를 방치하는 것은 오히려 살아남은 돼지의 복지와 건강까지 위협하는 문제가 될 수 있다. 그래서 나는 고 다산성 품종이 많아진 현대식 상업용 농가에서 생존력이 없는 새끼 돼지의 안락사는 필요 불가결이라고 생각한다.

무엇보다 중요한 것은 안락사 결정에 있어 관리자의 판단 오류로 인한 무분별한 희생을 줄이는 일이다. 이것이 가능하려면 안락사 여부를 정확하고 객관적으로 판단할 수 있는 기준이 마련되어야 한다. 이를 위해 우리 연구팀은 최근 갓 태어난 새끼의 생존력에 영향을 미치는 건강도 및 활력도를 현장에서 객관적으로 평가하는 기준표를 만들었다. 농가의 관리자들은 새끼 돼지들의 생후 5일 이내 안락사 여부를 판단하는 데 보다 객관적인 지표로서 이

기준표를 활용할 수 있을 것이다.

## 안락사 대상 평가 기준표

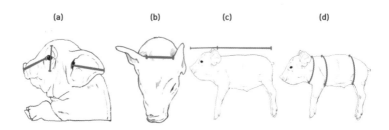

(a)        (b)        (c)        (d)

» [그림 8] 신체 지수 평가. (a): 눈-코 길이, 눈과 귀 길이 (b): 양쪽 귀 사이 길이 (c): 머리, 몸 길이 (d): 목, 가슴, 허리둘레

| Items | Score 0 | Score 1 | Score 2 |
|---|---|---|---|
| IUGR<br>(자궁 내 성장 지체)<br>점수 | | | |
| 체형 점수 | | | |

» [그림 9] IUGR 점수와 체형 점수 평가 기준

돼지 복지

평가 기준표에는 신체 지수(머리, 눈, 코, 입, 귀, 몸, 엉덩이 등의 길이), 체형 점수body condition score, 머리 모양(이마 정면 경사각), 눈(개방된 정도), 주름(코와 입 주변), 그리고 체중, 체온(직장에서 측정)을 평가 항목으로 포함했다.[36]

우리는 이 기준을 활용하여 동물자원학 전공 학부생 30명을 대상으로 실험 평가를 진행했다. 평가 방법은 실험자가 좌우 측면, 후면, 총 3면에서 촬영한 돼지의 사진을 평가자에게 동시에 보여주고, 각 평가자는 총 108마리의 새끼 돼지를 태어난 지 1일과 5일이 되었을 때 각각 한 번씩 평가했다. 평가자가 한 마리의 돼지를 한 번 평가하는 데 주어진 시간은 30초였다.

» 평가 방법 예시. 평가자는 3면에서 촬영된 사진을 보고 평가 기준표를 이용하여 30초 내에 평가를 마친다. 사진은 태어난 지 1일 된 새끼 돼지의 좌우 측면과 후면 사진

결과를 보기에 앞서 먼저 평가자들 간 평가 점수의 일관성은 Cronbach' α 값으로 산출했을 때 매우 높은 것을 확인할 수 있었다. Cronbach' α 계수의 범위는 0과 1 사이에서 값이 0.7을 초과하면 평가자 간 조사의 내부 일관성이 강하다는 것을 나타낸다. 우리 연구에서는 조사 항목의 값이 0.94로 나타났다. 이는 30명의 평가자가 평가한 값이 매우 높은 일관성을 보인다는 뜻으로 평가자의 주관적인 개입이 그만큼 덜했음을 나타낸다.

연구 결과 기존의 안락사 대상이었던 IUGR 돼지와 생시 체중이 1kg 미만인 돼지는 우리가 개발한 평가 기준표의 머리 모양 평가 점수만으로도 쉽게 판별할 수 있었다. 또한 머리 모양 평가 점수는 태어난 지 1일 차와 5일 차 사이 체중 증체량과 높은 상관관계를 보였는데, 1일 차에 머리 모양 평가 점수가 낮을수록 이후 5일 동안 체중이 더 늘지 않았다. 따라서 머리 모양 평가 기준표는 현장에서 체중 미달 돼지와 IUGR 돼지를 판별하는 쉽고 객관적인 방법이 될 수 있다. 또한 이 평가 기준표를 활용하면 활력이 약한 돼지를 조기에 선별하여 모유 섭취를 더 할 수 있도록 집중 관리할 수 있으므로 새끼 돼지의 생존력을 높일 수 있을 것이라 기대된다.[37]

# 신생 돼지의 생존 가능성을
# 높이는 관리

이때 108마리의 새끼 중 생후 5일 차까지 폐사한 개체는 단 한 마리도 없었다. 108마리 중에는 생시 체중이 1kg 미만인 돼지가 17마리, 그중에서도 생후 5일 차까지 체중이 감소한 돼지가 6마리나 포함되어 있었다. 이런 돼지들은 생후 1일 차 평가에서 다른 돼지들보다 체온, 체형, IUGR 평가 점수 등이 모두 낮았다. 기존 관행대로 판단했다면 모두 안락사 대상이었던 셈이다. 그럼에도 불구하고 이번 연구는 '체미' 돼지들도 충분히 생존할 수 있다는 가능성을 보여주었다. 나는 이것이 농장의 신생 돼지 관리 절차가 매우 적절했기 때문에 가능했다고 생각한다.

우리가 실험을 진행한 농장에서는 새끼가 태어나면 관리자가 타월과 건조 분말을 사용하여 젖은 몸을 닦아주고 곧장 어미 젖꼭지를 물려준다. 그러면 새끼 돼지들은 그 즉시 어미의 젖을 빨며 체온을 유지하고 활력을 찾아간다. 관리자의 이러한 물리적인 개입이 없으면 일반적으로 건강한 돼지가 태어나서 어미젖에 최초 도달하는 데 걸리는 시간은 25분 정도이다. 개방형 분만사에서는 어미 돼지가 누워 있는 위치와 방향에 따라 이보다 10여 분 더 걸리기도 한다. 그런데 활력이 약한 돼지들은 어미젖까지 도달하는 데 더 많은 시간이 걸린다. 그만큼 초유 섭취가 늦어지면 죽음으로 이어질 가능성이 높다.

이를 증명하듯 앞서 우리 연구에서 분만 시작 후 24시간 내에 죽은 새끼 돼지들을 분석했을 때, 그들이 태어나서 어미젖까지 최초 도달하는 데 걸린 시간은 평균 53분 정도로 생존한 돼지들보다 2배가량 더 걸렸다.[38] 결론적으로 고 다산성 품종의 높은 신생 돼지 폐사율을 줄이려면 '체미' 혹은 IUGR 여부를 간단하고 정확하게 판별하는 기준도 중요하지만, 신생 돼지들을 신속하게 건조하고 초유를 빨리 섭취할 수 있도록 관리하는 노력도 뒷받침되어야 한다.

# 육성 돼지
## 전입 스트레스 관리

　현대식 생산 시스템은 돼지를 성장 단계별로 구분지어 사육한다. 분만사에서 새끼 돼지가 태어나면 그곳에서 4주 동안 어미젖을 먹으며 성장하다가, 젖을 떼고 나면 이유 돼지들만 모아둔 이유자돈사로 옮겨져 새로운 그룹을 형성하여 약 5주 동안 지낸다. 이후에는 다시 육성 돼지들만 모아둔 육성사로 옮겨져 약 6주 동안 지내고, 이후에는 다시 비육 돼지들만 모아둔 비육사로 옮겨져 출하되기 전까지 약 8주 정도 지내게 된다.

　이렇게 사육 장소를 구분 지어 놓으면 성장 단계별로 필요한 최소한의 영양소 요구 수준을 맞출 수 있어 사료 효율을 최대화할 수 있다. 또한 사육 공간을 옮길 때마다 청소와 소독을 효과적으로 할 수 있어서 전염성 질병을 일으키는 병원체들이 농장에 상주하는 것을 어느 정도 예방할 수 있는 이점도 있다.

　하지만 돼지처럼 무리를 지어 생활하는 사회적인 동물에게는 새로운 그룹으로 전입되는 것이 큰 스트레스로 작용할 수 있다. 일단 새로운 그룹으로 전입되면 그 즉시 서열 정리를 위한 싸움이 벌어진다. 서열이 정리되는 데는 그룹 규모에 따라 다르지만 보통 하루나 이틀 정도 걸린다. 서열 싸움에서 진 돼지는 상위 계급의 돼지에게 복종하는 습성이 있기 때문에 그 이후로는 특별히 싸움이 벌어지진 않는다. 어쨌든 새로운 그룹이 형성될 때마다 이러한 싸움은 서열 정리를 위한 통과 의례다. 이때 돼지들은 매우 공격적인 행동을 보이며, 이런 행동들이 무리 내 다른 돼지들에게 상처를 입히고 그로 인해 성장이 지체되기도 한다. 돼지가 낯선 환경과 처음 마주하는 동료들로 인해 스트레스를 느끼면 더욱 공격적인 성향을 보이는데, 이때 서열 싸움이 극심한 경우 생명에 지장을 줄 정도로 치명적인 상처를 입기도 한다. 따라서 성장 단계별로 새로운 그룹을 형성하는 돼지의 복지와 생산성을 보장하기 위해서는 사육 공간을 옮길 때마다 발생하는 스트레스를 간과해서는 안 된다.

» 서열 정리를 위한 싸움(왼쪽)과 몸에 난 상처(오른쪽)

돼지 복지

# 비육사 환경 및
# 행동 풍부화를 위한 물질

그룹 내 돼지의 서열 다툼은 본능적인 습성이기 때문에 어쩔 수 없더라도 그로 인한 피해를 줄이기 위한 연구는 꾸준히 진행되어 왔다. 주로 유럽에서 진행된 연구에서는 새로운 그룹에 환경을 풍부하게 하는 물질environmental enrichment material을 제공해 주면 돼지의 스트레스를 완화하고 공격적인 행동을 줄이는 데 효과적이라고 했다.[39] 이러한 연구 결과들을 바탕으로 유럽연합 의회는 그룹 사육되는 돼지에게 탐색 행동과 휴식 자리를 찾는 행동을 표현할 수 있는 적합한 환경을 제공해야 한다고 규정했고[40], 이러한 환경을 마련하기 위해 짚straw, 목재 부산물peat or sawdust, 사일리지silage와 같은 물질들을 돈사에 제공할 것을 권장하고 있다.[41] 하지만 이러한 물질들은 분뇨를 슬러리 형태로 처리하는 슬랫 구조의 돈사에서는 현실적으로 제공하기가 어렵다. 바닥이 막혀 있는 평사 구조라 하더라도 자칫 교체 시기가 늦어져 배설물과 섞이게 되면 오히려 돼지들이 이를 기피하고, 돈사 내 위생 상태도 더욱 나빠져 돼지와 관리자의 건강에 악영향을 끼칠 수도 있다.[42]

그래서 이러한 양돈장에서는 환경이 풍부하지 않더라도 그러한 환경에서 할 만한 행동을 표현하도록 유도하는 도구나 물질, 이른바 행동 풍부화 물질을 제공하는 것을 대안으로 고려해 볼 수 있다. 쉽게 말하자면 장난감을 제공하는 것이다. 돼지는 이런 물질을 통해서 탐색investigation, 놀이play, 탐구exploration, 소유occupation 활동을 하면서 성취감, 즐거움, 유쾌함 같은 긍정적인 감정을 느낄 수 있고, 그것을 통해 낯선 환경과 새로운 그룹으로부터 겪는 스트레스를 완화할 수 있다. 이는 우리나라 양돈장처럼 분뇨 처리 문제 때문에 돈사 내 환경을 풍부하게 조성하기 어려운 곳에서 좋은 대안이 될 수 있다.

그러나 아무 장난감이나 무턱대고 던져준다고 될 일은 아니다. 양돈장 상황에 따라 어떤 물질을 어떻게 제공해야 하는지 그 방법과 재료를 신중히 선택해야 효과를 볼 수 있다. 과거에는 보통 내구성이 좋은 플라스틱이나 금속 재질로 만들어진 물질들을 주로 활용했다. 그러다가 최근에는 돼지가 단단해서 모양이 변하거나 부서지지 않는 물질보다 부드럽고 유연한 재료를 더 선호하는 것으로 알려지면서 합성고무 같은 재질의 높은 탄성과 강인성을 가진 장난감이 활용되기도 했다. 그런데 이러한 장난감을 돈사에 던져주면 바닥에 뒹굴면서 금방 분뇨와 섞여 더럽혀지는데, 그렇게 되면 돼지는 더 이상 흥미를 보이지 않는다.

몇몇 연구에서는 이를 해소하기 위해 장난감을 돼지의 키 높이로 돈사 벽면에 매달아서 제공했는데, 이 경우 바닥에 제공했을 때보다 더 빨리 싫증을 내기도 하고 다양한 행동을 표현하기가 어려워서 행동 욕구를 충족하기에 한계가 많았다.[43] 실제로 우리나라에서도 많은 농가가 유럽에서 효과가 입증된 돼지용 장난감이라며 시중에서 판매되는 물질들을 구입해서 제공했다가 기대했던 효과를 보지 못해 걷어치우는 사례가 많은데, 바로 이 때문이다. 돼지의 행동 욕구를 충족시킬 수 있는 적합한 물질을 제공하려면 전제 조건으로 양돈장 구조와 환경에 따라 달라지는 돼지의 행동 습성을 잘 이해하고 있어야 한다.

우리 연구팀은 이러한 문제를 해소하고, 동시에 우리나라 일반 양돈장에서도 쉽게 활용할 수 있는 행동 풍부화 물질을 개발하기 위한 연구를 진행했다. 후보 물질을 조사하던 중 가장 먼저 제안된 것은 앞서 분만사에서 어미 돼지의 행동 표현을 풍부하게 유도하는 데 효과를 보았던 슬링벨트였다. 우리는 이러한 벨트 재질의 물질이 돼지의 씹기, 탐구, 조작manipulation 행동 등 다양한 행동 표현을 유도할 수 있고, 동시에 차갑고 딱딱한 콘크리트 구조의 돈사에서 돼지들이 기대고 쉴 때 안락한 촉감을 느끼게 할 수 있을 것으로 기대했다. 저렴한 비용으로 구입할 수 있고, 세척하기도 어렵지

» 콘크리트 벽면에 걸어둔 슬링벨트

않아서 재사용이 가능하므로 경제적이고 안전한 물질이라고 판단했다. 이를 검증하기 위해 콘크리트 슬랫 바닥에 새로 전입된 육성 돼지들에게 슬링벨트를 제공하고 그 효과를 분석했다.

## 슬링벨트 제공 효과를
## 극대화하는 법

실험은 계절별로 기후적 특성이 매우 상이한 우리나라의 환경을 고려하여 한 농가에서 7월과 1월 두 차례 샘플링을 진행했다. 실험에 사용할 슬링벨트는 폭 75mm, 길이 1.5m인 100% 폴리에스터 재질로 된 제품을 인터넷에서 개당 약 5,000원에 구매했다. 이 슬링벨트를 돈사 벽면에 있는 홈에 고정해서 설치했고, 이때 벨트의 가운데 부분은 바닥에서 약 20cm 정도 높이로 띄워주었다. 그렇게 설치함으로써 체중 25~30kg 정도의 육성 돼지가 입과 코, 앞발을 이용해 다양한 행동을 할 수 있으면서도, 슬링벨트가 바닥의 이물질에 의해 더럽혀지는 것을 최소화할 수 있었다. 실험은 다른 농장에서 이유 후 기간까지 사육되다가 실험 농장으로 이송되어 온 평균 체중 29.6kg 육성 돼지 571마리를 대상으로 했고, 이들을 그룹 규모에 따라 한 그룹당 슬링벨트를 10~12개 제공한 처리구, 5~6개를 제공한 처리구, 그리고 아무것도 제공하지 않은 대조구로 나눠서 샘플링을 진행했다.

연구 결과는 매우 흥미로웠다. 전입한 직후부터 24시간 동안 슬

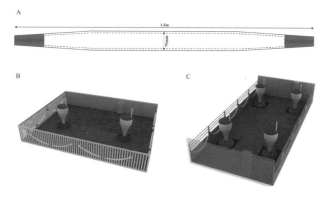

» [그림 10] 행동 풍부화 물질 제공 연구에 이용한 슬링벨트(A: 길이 1.5m, 폭 75mm)와 육성돈사에 제공했을 때의 모습(B: 돈방 크기 6.7m×8.3m, C: 돈방 크기 11m×5.1m)[44]

링벨트를 제공한 돈사에서 돼지들은 공격적인 행동의 빈도가 줄었고, 이를 반영하듯 몸에 상처가 있는 비율도 낮아졌다. 이러한 효과는 제공된 슬링벨트의 개수가 많을수록 더 뚜렷하게 나타났다. 또한 전입 하루 후와 이틀 후 돼지들의 침에서 스트레스 지표로 알려진 코르티솔 성분을 분석했는데, 슬링벨트를 제공한 처리구의 코르티솔 함량이 감소하는 것을 볼 수 있었다. 우리는 또한 돼지가 슬링벨트를 조작하는 빈도가 높을수록 공격적인 행동과 몸에 상처를 입는 비율이 줄었고, 코르티솔 함량도 줄어드는 통계적 상관관계도 확인할 수 있었다.[45]

반면에 겨울철에 진행한 실험에서는 여름철보다 슬링벨트 효과가 덜한 것을 볼 수 있었다. 보통 우리나라 양돈장은 여름철 돼지들의 고온 스트레스로 인해 복지뿐만 아니라 성장 지체로 인한 피해가 매우 크다. 우리는 연구에서 행동 풍부화 물질로 슬링벨트를 제공한 것과 고온 스트레스 간의 관련성을 규명하는 데까진 기대하지 않았으나, 어쨌든 왜 기후에 따라 결과가 상이한 것인지 궁금했다. 답은 밀사 사육에 있었다.

실험 농장에서는 여름철 고온 스트레스를 완화하기 위해 돼지 한 마리당 주어지는 면적이 대체로 여유가 있었다. 반면에 겨울철에는 돼지들의 체온 유지를 위해 한 공간에 훨씬 많은 수를 사육했다. 사육 밀도를 계산해 보니 여름철에는 돼지 한 마리당 $1.06\,m^2$의 공간이 주어졌는데, 겨울철에 주어진 공간은 한 마리당 $0.5{\sim}0.69\,m^2$ 정도였다. 우리나라 동물복지 인증제도 기준에서 30kg 이상 돼지에게 필요한 최소 소요 면적이 성장 단계에 따라 $0.55{\sim}1.0\,m^2$인 것을 참고하면, 여름철 사육 밀도는 기준을 충족했으나, 겨울철은 최소 소요 면적 기준에 부적합했다. 많은 선행 연구들은 돼지의 복지와 생산성 면에서 행동 풍부화 물질 제공의 효과를 보기 위해서는 기본적인 사육 환경을 갖추는 것이 전제 조건이라는 데 의견이 일치한다. 기본적인 사육 환경이란 적절한 사육 공간, 신선한 사료와 음수 급이 등이 보장되어야 한다. 결국 우리의 실험 결과도 이를 뒷받침하고 있다.

결론적으로 육성 돼지 한 마리당 최소 소요 면적이 $1.0\,m^2$ 이상 주어졌을 때는 10마리당 한 개의 슬링벨트(1.5m×75mm)를 행동 풍부화 물질로 제공했을 때 전입에 따른 스트레스 해소에 최적의 효과를 기대할 수 있었다. 반면에 실험 농장의 겨울철 사육 밀도 수

돼지 복지

준처럼 마리당 공간 허용량이 $0.5\,m^2$ 이하인 환경에서는 슬링벨트 제공 효과를 기대하기 어렵다.[46]

# 환경 풍부화
## vs 행동 풍부화

    현재 국내 동물복지 인증제도에서는 돼지가 본능적인 행동 습성을 발휘할 수 있도록 환경 풍부화 물질인 볏짚, 건초, 톱밥, 목재 등을 깔짚 형태로 제공하기를 권장하고 있다. 깔짚이 제공된 돈사에서 돼지는 더욱 안락하게 쉴 수 있고 탐색 활동이 많아지면서 다른 돼지에게 공격적인 행동을 덜 보이는 것으로 알려져 있다. 하지만 앞에서도 언급했듯이 우리나라 대부분의 양돈장에서는 바닥 구조상 이러한 물질을 제공하기 어렵다. 바닥이 막힌 평사 구조라 하더라도 위생적으로 관리하기 위한 비용도 만만치 않다. 오히려 이런 농장에서는 교체 주기가 늦어져 돈사 내부가 악취와 미세먼지로 가득한 곳을 심심치 않게 볼 수 있을 정도다. 이런 실정인데도 깔짚 제공을 권장 혹은 나아가 의무화하는 것이 옳은 방향일까?

# 가장 효과적인
# 행동 풍부화 물질 찾기

육성 돼지가 새로운 그룹으로 옮겨갈 때 행동 풍부화 물질을 제
공하면 스트레스가 줄고 공격적인 행동과 그에 따른 상처 피해를
줄일 수 있다는 걸 앞선 연구를 통해 확인했다. 그렇다면 안락한
쉼터와 본능적 행동 표현을 위해 넣어주는 깔짚의 역할을 슬링벨
트가 대체할 수 있지 않을까 하는 데 생각이 미쳤다.

먼저 슬링벨트와 비교할 대상은 국내 동물복지 인증제도에서
깔짚 형태로 권고하고 있는 물질 중 그나마 농장에서 쉽게 구할 수
있는 볏짚과 톱밥으로 선정했다. 실험은 육성·비육(30kg~출하 2주
전까지) 기간인 총 10주 동안 효과를 비교 분석했다. 이를 위해 평
균 체중이 약 30kg인 344마리의 돼지를 각각 아무것도 제공하지
않은 대조구, 슬링벨트 제공 처리구, 톱밥 제공 처리구, 볏짚 제공
처리구로 나눠서 사육했다. 실험 농장은 슬랫 구조의 콘크리트 바
닥이었다. 이런 바닥에 깔짚을 제공하면 금방 바닥 구멍으로 떨어
져 남아 있지 않을 것이고, 깔짚이 분뇨와 섞이면서 분뇨 처리 배
수구를 막아버릴 것이 불 보듯 뻔했다. 농장 관리자와 상의하여 슬
랫 구조인 바닥을 패널로 덮은 후 그 위에 깔짚을 깔아주기로 대책
을 세웠다.

깔짚은 보통 10cm 높이로 깔아서 2~3주에 한 번씩 교체하거나
아니면 처음부터 1m 이상 높이로 깔고 교체 없이 사육하는 방식

» 분뇨가 구멍으로 빠지는 슬랫 바닥(왼쪽). 깔짚을 깔아주기 위해 패널을 이용하여 슬랫 부분을 완전히 덮었다(오른쪽).

이 보통이다. 우리가 진행한 실험 농장은 1m 이상의 깔짚을 깔 수 있는 구조가 아니어서 최초 10cm 높이로 깔아주었다. 깔짚의 교체 주기를 결정하기 위해 깔짚을 제공하고 있는 우리나라 양돈장 사례를 참고하고, 농장의 현실적인 관리 절차와 수용력을 고려했다. 그래서 처음엔 깔짚을 교체하지 않고, 2주에 한 번씩 추가로 보충하는 것으로 계획했다. 그러나 실험이 진행되는 과정에서 볏짚과 톱밥이 빠르게 사라져 바닥이 보일 정도였고, 시간이 지남에 따라 분뇨밖에 남지 않아서 보충 주기를 10일 이내 간격으로 줄여서 추가로 깔아주었다. 실험이 시작되고 6주가 지났을 때는 깔짚의 오염이 매우 심각하다고 판단되어 볏짚과 톱밥 처리구의 분뇨들을 전부 걷어내고 다시 드러난 패널 바닥 위에 전체적으로 새롭게 깔아주었다.

» 볏짚 처리구 돈사. 바닥을 패널로 덮고 그 위에 볏짚을 최초 10cm 높이로 깔아주었다. 윗줄 왼쪽부터 차례로 0, 6, 18, 34일이 지났을 때 바닥 상태를 촬영하였다.

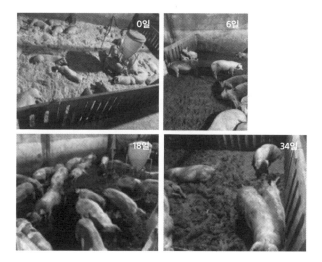

» 톱밥 처리구 돈사. 바닥을 패널로 덮고 그 위에 톱밥을 최초 10cm 높이로 깔아주었다. 윗줄 왼쪽부터 차례로 0, 6, 18, 34일이 지났을 때 바닥 상태를 촬영하였다.

실험 결과를 보면 볏짚과 톱밥을 깔짚으로 제공한 처리구에서 돼지들의 공격적인 행동이 감소하였고, 특히 비육기에서 가장 낮게 관찰되었다. 탐색 행동 역시 해당 처리구에서 육성·비육 전 기간 가장 많이 관찰됐다.[47] 이를 반영하듯 볏짚과 톱밥 처리구에서 몸에 상처가 있는 비육기 돼지의 비율도 더 줄어든 것을 확인할 수 있었다. 이 결과로만 보면 환경 풍부화 물질로서 볏짚과 톱밥을 제공한 것이 복지 면에서 긍정적으로 기여했다고 볼 수 있다.[48]

## 깔짚의 관리와 유지가
## 더 중요하다

그러나 실험 개시 후 10주 차에 측정한 환경 평가에서는 다른 양상을 보였다. 아침 9시에 측정한 돈사 내 암모니아 농도는 톱밥 > 볏짚 > 대조구 > 슬링벨트 처리구 순으로 높았고, 이산화탄소 농도는 볏짚 > 톱밥 > 슬링벨트 > 대조구 순으로 높았다. 또한 볏짚 처리구는 다른 처리구와 비교해 미세먼지와 초미세먼지 농도가 가장 높게 측정되었다. 깔짚이 분뇨로 뒤범벅되면서 청결 상태가 불량했기 때문이다.

6주 차에 깔짚을 전면적으로 교체했지만, 이후 깔짚이 오염되는 속도는 돼지가 비육기 때 증체하는 속도와 비례해서 빨라졌다. 이러한 돈사 내 불량한 환경은 돼지의 성장에도 악영향을 끼쳤다. 10주 차에 측정한 체중에서 볏짚 처리구 돼지의 증체량이 가장 낮았고, 톱밥과 대조구는 차이를 보이지 않았으며, 슬링벨트 처리구 돼지들은 가장 높은 증체량을 보였다. 또한 이러한 증체량이 암모니아, 이산화탄소, 미세먼지, 초미세먼지 농도를 종합한 환경 평가와 통계적으로 상관관계가 있는 것을 볼 수 있었다.[49]

이렇듯 깔짚을 제공하는 것은 돼지의 복지 면에서 휴식 공간을 제공하고 다양한 행동 표현을 유도하여 긍정적인 영향을 줄 수 있다. 하지만 우리 연구는 깔짚의 관리, 유지 정도에 따라 그 결과가 달라질 수 있음을 보여주기도 했다. 우리가 10일마다 깔짚을 보충해서 제공하고, 6주 차에 전반적으로 교체해 준 것이 일반 농가에서 하는 통상적인 관리 수준보다 뒤처진다고 할 수는 없다. 그럼에도 불구하고 깔짚 처리구에서 돼지 외형의 청결 상태나 돈사 내 환경 평가가 매우 불량했던 것을 볼 수 있는데, 이렇듯 자칫 관리가 소홀하면 오히려 돼지의 성장과 건강 관리에 나쁜 영향을 초래할 수 있다.

반면에 슬링벨트 처리구에서는 대조구와 비교했을 때 공격적 행동이나 몸의 상처 비율이 낮았고, 돼지의 청결 상태와 돈사 내 환경 평가 상태도 우수하게 유지되었다. 우리는 실험 종료 시 슬링벨트 처리구 돼지의 평균 체중이 다른 처리구보다 높았던 것도 이러한 결과에 기인했다고 해석했다.[50]

우리나라 양돈장은 분뇨 처리와 악취 문제를 최우선 과제로 삼고 있다. 이런 상황에 깔짚 제공을 강요한다면 오히려 생산자로부터 동물복지에 대한 반감을 불러일으킬 수 있다. 정기적으로 깔짚을 충분히 보충하여 항상 위생적이고 깨끗한 환경을 유지하는 것은 말처럼 쉬운 일이 아니다. 이를 통해 얻는 것이 무엇인지 곰곰이 따져보아야 할 것이다. 농장의 관리 면에서 부담을 주지 않는 슬링벨트 같은 행동 풍부화 물질로도 깔짚의 효과를 얻을 수 있다면 마다할 이유가 없을 것이다. 이처럼 정책을 제시할 때는 농장이 스스로 동물복지 실천에 한 걸음씩 다가갈 수 있도록 구체적인 가이드라인을 제시해야 한다. 그런 면에서 동물복지를 위해 깔짚을 제공하도록 한 것이 최선의 정책이었는지는 다시 생각해 볼 필요가 있다.

# 10장     동물복지, 한 걸음씩

# 우리나라 동물복지 인증
# 양돈장, 0.3%

　　몇 년 전, 살충제 계란이 논란이 되며 건강한 먹거리에 대한 관심이 급속도로 높아진 적이 있다. 유기농, 친환경이라는 단어가 붙은 계란이 불티나게 팔리더니 정치권에서는 동물복지가 답이라며 농장을 방문하고 대책을 마련하는 모습을 보이기도 했다. 이제는 소비자들도 동물복지를 인식하고 있고, 돈을 더 지불하고서라도 그만큼의 가치를 하는 건강한 먹거리를 찾는 사람들이 늘고 있다.

　　정부는 이러한 사회의 요구에 부응하고자 사육 단계에서 동물복지 축산농장 인증제도를 시행하고 있다. 2012년 산란계 농장을 시작으로 2013년 양돈, 2014년 육계, 2015년 젖소, 한육우, 염소, 2016년 오리 농장까지 인증하고 있다. 그러나 시행 후 현재까지 인증을 받아 유지하는 농가는 많지 않다. 양돈장은 2023년 9월 기준 전국적으로 5,813개가 있는데 이 중 단 20곳만 인증을 유지하고 있는 실정이다. 그나마도 대부분 대기업이 관리하는 계열 농장이고

» 농림축산식품부에서 발행하는 동물복지 축산농장 인증마크. 인증을 받은 농가는 동물복지 축산농장 표시 간판을 설치할 수 있고, 생산되는 축산물의 포장과 용기 등에도 표시할 수 있다.

개인이 운영하는 농장 중 인증을 받은 곳은 3개소뿐이다. 왜 이렇게 인증제도에 참여하는 농장이 적을까?

동물복지문제연구소 어웨어AWARE 가 2021년 양돈 농가 134개소를 대상으로 농장동물 복지에 대한 양돈 농가의 인식을 조사했는데, 이 결과를 보면 물음에 대한 답을 찾을 수 있다. 보고서에 의하면, 전체 응답자 중 81개소(60.4%)는 동물복지 농장으로 전환할 의향이 있다고 응답하였다. 동물복지의 필요성에 대해 긍정적으로 생각하는 농가가 많다는 의미로 볼 수 있다. 농장을 운영한 경력이 길수록, 또 연령이 높을수록 동물복지 농장으로 전환할 의향이 높게 나타났다.

그런데 이들 81개소 농가에 동물복지 농장으로 전환하는 데 있어 예상되는 어려움을 물었더니 '초기 비용 부담'이 75.3%로 가장 높게 나타났으며, 그다음으로 '수익률 우려'(49.4%), '사양 관리의 어려움'(48.1%), '판매처 확보 어려움'(32.1%), '정보 및 경험 부족'(27.2%)이 뒤를 이었다(중복 응답). 이 두 가지 문항의 결과로만 보면, 동물복지 축산농장 인증제도의 참여율이 저조한 이유는 양돈 농가가 동물복지에 무관심하기 때문이 아니다. 현재 우리나라에서 동물복지 농장을 운영하는 것이 투자 대비 수익이 떨어지는 일이기 때문이다.

실제로 개인이 동물복지 농장 인증을 받았다가 이처럼 경제적인 어려움 때문에 인증을 포기하고 다시 관행 농장으로 돌아가는 사례가 적지 않다. 시장이 없기 때문이다. 출하하는 돼지를 생산 비용에 따른 합리적인 값을 받고 팔아야 하는데, 마땅한 판매처가 없는 것이다.

우리나라의 동물복지 축산농장 인증제도는 가축의 사육 공간을 관행 농장보다 넓게 하고, 사료와 음수를 충분히 공급할 수 있는 적정 수의 급이기와 본능적인 행동을 풍부하게 표현할 수 있는 환경 등 많은 것을 골고루 갖추도록 요구하고 있다. 인증을 통과하려면 이러한 환경을 모두 갖춘 사육 시설을 더 짓거나, 그렇지 않으면 현재 시설에서 사육 마릿수를 줄이는 방법밖에 없다. 또한 관리 면에서 노동력이 더 요구되므로 인건비도 더 든다. 어느 쪽이든 농가의 수익을 떨어뜨린다. 이렇게 손실된 부분은 단순히 가축을 건강하게 키워 생산 성적을 향상한다고 해서 채워지지 않는다. 설비 투자 비용에 대해서는 정부와 지자체의 재정적 보상을 어느 정도 기대해 볼 수도 있겠지만, 수익성 있는 사업으로 지속 가능하게 유지하기 위해서는 그것에 의존할 수만은 없다. 결국 제품의 가격을 보다 합리적인 수준으로 올려야만 해결할 수 있다.

우리 연구팀이 2023년 농림축산식품부와 함께 수행한 축산농장 동물복지 개선 방안 연구에 따르면, 비육돈 동물복지형 시설 및 토지 투자에 따른 자본비용과 추가적 사육비를 적용했을 때, 농장의 총수입은 마리당 2만 5,796원씩 손해를 볼 것으로 전망하였다. 이에 판매 가격이 약 18.5% 상승해야 마리당 순수익이 4만 5,273원 증가하여 기존 관행 농장에서 유지했던 소득을 기대할 수 있을 것으로 조사되었다. 이러한 결과를 보더라도 동물복지형 농가의 합리적인 생산 활동을 위해서는 판매가 상승이 불가피하다.

그러나 안타깝게도 우리나라는 동물복지 축산물을 합리적인 가격으로 유통할 수 있는 시장이 마련되어 있지 않다. 소비자의 선택을 받을 수 없기 때문이다. 동물복지문제연구소 어웨어의 2021년 성인 2,000명 대상 농장동물 복지에 대한 국민 인식 조사 보고서에 의하면, 동물복지 기준이 높은 축산물을 사용하는 회사(가맹점이나 가공식품 회사)의 제품을 구매할 의향이 있는지 묻는 질문에 구매 의향이 있다는 응답은 91.8%로 매우 높게 나타났다. 그러나 이러한 의향이 실질적인 구매로 이어지지는 않았다. 보고서에서는 그 이유로 '일반 축산물보다 가격이 비싸서'라는 응답이 58.7%로 가장 높게 나타났으며, 그다음으로 '판매하는 곳을 찾기 힘들어서'(42.5%), '인증제도에 신뢰가 가지 않아서'(25.4%), '일반 축산물과 크게 차이가 없을 것 같아서'(24.0%) 순으로 조사되었다(중복 응답).

이 같은 결과는 동물복지형 제품의 가격을 무턱대고 올렸다가

돼지 복지

는 오히려 시장에서 외면당할 수 있음을 짐작하게 한다. 그러나 생산자가 스스로 수익을 낼 수 없는 구조는 합리적인 생산 활동이라 할 수 없다. 누구도 손해를 보는 생산 활동을 추구하지 않는다. 양돈에서 동물복지 농장 인증제 시행을 한 지 10년이 지났지만, 여전히 참여율 0.3% 언저리에서 제자리걸음만 하는 까닭이 여기에 있다.

# 인증제도 활성화를
# 위한 방안


앞서 어웨어의 보고서를 살펴보면 소비자들이 동물복지 축산물을 구매하지 않는 주된 이유는 일반 축산물보다 가격이 비싸서, 그리고 판매하는 곳을 찾기 어려워서라는 걸 알 수 있다. 그다음으로는 인증제도에 신뢰가 가지 않아서, 일반 축산물과 크게 차이가 없을 것 같아서라는 이유가 그 뒤를 따르고 있다. 이 같은 결과를 살펴보면 동물복지 축산농장 인증제도의 참여율을 높이려면 인증제도에 대한 소비자의 신뢰도를 높이려는 노력도 필요해 보인다. 이를 위해서는 무엇보다 인증을 위한 평가 기준이 객관적이고 투명해야 한다.

# 국내 인증제도
# 항목의 불합리함

우리나라는 현재 인증을 위한 평가 기준을 유럽 등 해외의 동물복지 평가 지표를 인용해 적용하고 있다. 국내에는 동물복지 평가 지표에 근거가 될 만한 연구 자료가 부족하기 때문이다. 유럽에서는 농장의 동물복지를 평가할 때 동물을 대상으로 그들의 건강 상태, 감정 상태, 행동 표현 등 실제 삶의 질에 영향을 미치는 요소들을 평가한다. 이러한 평가가 가능하려면 동물행동학, 생리학, 내분비학 등의 학문을 기반으로 한 동물복지 연구가 기본 바탕으로 깔려 있어야 한다. 그런데 국내의 동물복지 분야는 연구뿐만 아니라 종합적이고 체계적인 교육조차 이뤄지지 않고 있다. 그렇다 보니 국내 실정을 반영한 평가 기준이나 동물 기반의 평가 기준을 마련하기가 쉽지 않다. 대개 이런 경우엔 동물을 대상으로 평가하기보다 농장의 시설과 환경을 평가하는 방식을 이용하게 된다. 이와 관련한 이점과 한계점, 대안에 대해서는 3장의 3절 '동물복지 수준을 평가하는 법'을 참고하면 알 수 있다.

문제는 이러한 평가 방식에서 농장이 인증에 통과하려면 시설과 환경에 대한 설비 투자가 불가피하다는 점이다. 다시 말해 평가 방식이 생산비 상승을 부추기는 꼴이다. 그렇다고 이러한 생산비 상승에 대해 정부 차원의 적절한 보상이 이뤄지는 것도 아니고, 앞서 살펴보았지만 아직은 동물복지 축산품이 활발히 거래되는 시장을 기대할 수도 없는 노릇이다. 그래서 이러한 평가 방식을 인증 기준으로 도입하면 농가는 일차적으로 경영적인 어려움 때문에 인증제도를 꺼릴 수 있다.

또한 평가 항목의 모든 기준을 전체적으로 통과해야만 인증을 받을 수 있는 현 인증제도 시스템의 적정성 여부도 신중하게 검토해 볼 필요가 있다. 우리나라는 농가가 농림축산검역본부에 동물복지 인증 신청을 하면 1차 서류심사에서 인증 기준에 적합한지 여부를 심사받고, 이후 적합일 경우 2인 이상의 심사원이 신청 농장을 방문하여 '인증 평가 기준'에 따라 현장 심사가 진행된다. 여기서 평가하는 항목은 사육 시설, 관리 절차, 질병 치료 방법, 관리자의 교육 수료 여부, 사육하고 있는 돼지의 구입처, 차단방역 시설 등 전반적인 농장 운영 시스템을 대부분 포함하고 있다. 인증을 받으려면 대부분 항목에서 적합성이 통과돼야 한다. 평가 항목에서 하나 정도 부적합 판정을 받았다고 해서 반드시 인증을 못 받는 건 아니지만, 어쨌든 농가는 모든 항목에 대한 요구 조건들을 두루두루 갖추고 있어야 인증을 받을 가능성이 높아진다. 우리나라 농가가 동물복지형 전환에 많은 부담을 느끼는 부분이 여기에 있다. 우리나라 농가의 입장에서 보면 동물복지에 대한 이해도가 이제야 걸음마 단계인데, 인증을 위해서 철인 3종 경기 종목을 모두 통과하라는 것과 다를 바 없기 때문이다.

사실 인증제도 평가 항목에는 우리나라 실정을 고려하지 않거나 동물의 좋은 삶과는 거리가 먼 항목들이 아직 수두룩하다. 예를 들면, 깔짚이 전체적으로 충분히 깔려 있거나 보충하여 위생적이고 깨끗한 환경을 유지하고 있는지를 평가하는 항목이 있는데, 수차례 언급했듯이 우리나라 양돈장 중 이 기준에 적합하게 관리, 유지할 수 있는 농장은 거의 없다. 따라서 현재 기준에서는 이렇게 깔짚을 제공할 수 없는 구조에서 깔짚 대신에 공간의 면적을 더 넓히는 것도 허용하고 있다. 하지만 돈사 증축을 허가받는 게 하늘의 별 따기보다 어려운 국내 상황에서 이는 손실을 떠안더라도 사육 마릿수를 줄여야만 가능하기 때문에 더욱 어렵다.

동물복지와의 연관성과 관련하여 내가 미심쩍어하는 또 다른 항목 중 하나는 농장 출입 차량이나 출입자에 대한 소독 실시 여부이다. 출입 차량 및 출입자 소독은 농장의 돼지를 외부에서 유입되는 전염성 질병으로부터 보호하기 위한 조치이다. 그러나 출입자 소독과 같은 기본적인 외부 방역 조치만으로 감염원 유입이 완전히 차단되지는 않는다. 더욱이 감염원의 특성에 따라 사용해야 할 소독제의 종류와 정량이 다른데, 농장에서 갖가지 감염원들에 대한 맞춤형 소독 조치를 하는 것이 가당키나 하겠는가? 이런 경우는 차라리 출입자 샤워 시설을 마련하거나, 농장 내 구비된 옷만 입고 출입하는 조치가 출입자 소독보다 더 큰 방역 효과를 낼 수 있다.

또한 돼지는 농장 외부에서 유입되는 감염원이 아니더라도 농장 내부에 존재하는 수많은 감염원의 확산에 의해서도 감염된다. 따라서 출입자 소독과 돼지의 건강 관리를 연관 지어 돼지의 복지 상태를 평가하는 것은 적절하지 않다고 판단된다. 돼지의 복지 수준을 건강 관리 실태 평가를 통해 보려면, 전염성 질병 임상 증상을 보이는 돼지가 그룹 내 얼마나 있는지, 건강한 돼지들과 격리해서 적합한 치료를 받고 있는지 등을 직접 관찰해서 평가하는 것이 더 적절하다.

이처럼 농가에서 현실적으로 실행하기 어렵거나 실제로 동물복지와 관련이 있는지 의심스러운 항목도 있는데, 이것들조차도 모두 빠짐없이 갖추고 있어야 인증을 받을 수 있는 현 시스템이 적정한 것인지 따져봐야 할 때이다.

## 항목별 인증마크
## 부여의 유용성

이보다는 항목별로 인증을 부여하면 어떨까? 예를 들어 동물복지를 평가하는 항목이 '관리 방법' '사육 시설 및 환경' '건강 상태'로 구분되어 있는데, A 농가가 '건강 상태' 항목만 평가 기준에 적합하고 다른 항목들은 모두 기준에 부적합하면 A 농가는 '건강 상태'에만 인증마크를 부여받는 것이다. 이런 방식으로 평가하면 농가는 실현 불가능한 것은 포기하면서 반면에 할 수 있는 것은 주도적으로 찾아서 시도하려는 동기를 얻을 수 있다. 나는 이러한 의지가 동물복지의 의미에 더 부합하다고 생각한다. 동물복지 인증제도는 0.3% 농장의 동물들만이 아니라 모든 동물이 현재 겪고 있는 상황을 조금이라도 개선시키는 방향으로 이끄는 것을 목적으로 해야 한다. 따라서 굳이 모든 항목을 두루 갖춰 적합한 수준으로 요구할 필요는 없다고 생각한다.

또한 항목별 인증 말고도 종합 평가 점수에 따른 등급별 인증 방식도 고려해 볼 수 있다. 이러한 인증제도는 이미 유럽 국가에서 도입하여 운영되고 있다. 동물복지를 등급별로 구분하여 더 높은 등급일수록 요구사항은 더 까다로워진다. 덴마크의 동물복지 인증제도를 예로 조금 더 설명하자면, 덴마크의 경우 총 3단계로 등급이 나뉘어 있다. 어미 돼지의 경우 1단계 인증을 받기 위해서는 임신사 군사사육과 개방형 분만사에서 사육해야 하고 둥지 짓기 물질을 제공해야 한다. 개방형 분만사는 항상 열어두어야 하지만 분만 직후 4일까지는 어미 돼지를 가둬둘 수 있다. 2단계 인증을 받기 위해서는 1단계 사육 형태를 기본으로 하고, 단 개방형 분만사에서 어미 돼지를 가둬둘 수 있는 기간은 분만 직후 2일까지만 허용된다. 3단계 인증을 받기 위해서는 임신과 분만 및 포유 기간 내내 군사사육이 원칙이고, 분만 예정일 5일 전부터 새끼들이 이유할 때까지는 방사 사육해야 한다. 이렇게 인증을 등급별로 구분하면 생산자는 내 농장이 어느 정도 등급까지 수용할 수 있는지 현재 실정을 고려하여 가능한 수준에서 동물복지형 농장으로 개선해 나갈 수 있다. 물론 이때 등급이 높을수록 도매나 소매 시장에서 그만큼 더 높은 가격으로 거래된다.

우리나라는 그동안 농가의 동물복지와 관련한 연구 활동이나 교육이 부족하다 보니 국내 실정에 적합한 동물복지형 사육 환경

» 덴마크(위쪽)와 독일(아래쪽)의 동물복지 인증 기준에 따른 등급 제도. 등급에 따라 정부 시설 자금 지원, 인센티브 및 시장 가격이 다르게 형성된다.

이나 사양 관리 기술들이 아직 제대로 정립되어 있지 않다. 이런 한계 때문에 우리 농가가 한꺼번에 동물복지형 사육 시설로 전환하려면 많은 부담이 따르고, 또 이를 높은 수준으로 유지하기는 더욱 어려운 것이 현실이다. 이런 상황에 농가의 부담을 덜어주고 동물들의 실질적인 복지를 향상하기 위해서는 단계별로 차근차근 접근할 필요가 있다. 어느 농가가 개방형 분만사와 임신사 군사사육을 적용했는데 분뇨 처리와 악취 문제 때문에 슬랫 구조의 바닥을 적용해야 해서 깔짚을 제공할 수 없었다면 이런 경우 적어도 어미돼지의 사육 환경 개선에 대한 노력만이라도 인증을 부여하는 것이 필요하다.

우리나라 인증 기준이 국내 양돈장 실정을 반영하지 못하고 이렇게 높은 수준을 요구하는 것은 어찌 보면 당연한 일이다. 평가 지표의 근거가 되는 연구들이 모두 유럽 양돈장에서 진행되었기 때문이다. 우리나라가 인증제도를 도입할 당시 동물복지 정책 도입에 근거가 될 만한 국내 연구 자료는 전혀 없는 상황이었다. 그러나 지금은 국내에서도 동물복지에 대한 관심이 높아진 만큼 연구 활동도 활발히 이뤄지고 있다. 이를 토대로 현재 우리나라 동물복지 인증 기준은 차츰차츰 개선되고 있다. 이제는 평가 방식도 점검해 봐야 할 때이다.

동물복지 개선을 위한 평가에는 동물을 대상으로 한 지표들이 더 많아야 한다. 그래서 동물의 복지를 조율하는 것이 아닌 실질적으로 복지 수준을 향상하게 하는 요소들을 평가할 수 있어야 한다. 또한 평가에만 그칠 것이 아니라, 생산자에게 동물복지 사육 환경과 관리 기술을 개선할 수 있는 가이드라인도 함께 제시해 주어야 한다. 그래서 동물복지를 실현하는 것이 가축의 강건성과 생산성을 향상해 농가의 수익을 올릴 수 있는 방법이라는 것을 생산자 스스로 판단해서 결정할 수 있어야 한다.

## 동물복지 축산이
## 실현되려면

캐나다에서는 2018년부터 'ProAction initiative'(사전 조치 계획)의 시행과 함께 동물복지 평가 시스템이 진행되고 있다. 연구에 따르면 젖소 농장에서 동물복지 평가 항목 중 하나인 ProAction Lameness(사전 조치: 파행) 기준을 충족할 경우 젖소의 유전적 다양성 지수가 증가해서 기준을 충족하지 못한 농장에 비해 산유량이 증가한 것을 확인할 수 있었다. 또한 ProAction Electric Trainer Placement(사전 조치: 전기 트레이너 설치) 항목의 기준을 충족한 경우에도 젖소의 체세포 수가 증가하여 착유를 하루 3회 이상 하는 소가 그렇지 않은 농장에 비해 4.6% 더 많은 것으로 나타났다.[51]

위의 연구 예시는 매우 단편적이지만, 어쨌든 축산농장에서 동물복지를 실현하려면 이처럼 동물복지 수준을 향상하기 위한 노력이 생산성 향상으로 이어질 수 있다는 사실을 생산자가 납득할 수 있어야 한다. 인증제도라는 것도 다른 측면에서 보면 결국 기준을 통과해야 하는 일종의 규제인데, 스스로 규제를 받아들이며 인증에 참여하려는 생산자는 많지 않을 것이기 때문이다. 아마도 규제에 대한 충분한 보상이 이뤄진다면 참여율이 어느 정도 늘어날지도 모르겠다. 그러나 그에 따른 비용은 소비자가 부담해야 하기 때문에 사회적 합의가 우선적으로 필요할 것이다.

끝으로 동물복지 인증제도와 관련해 인증 절차, 평가 방식, 동물복지 축산물 구입처 등 모든 정보는 생산자뿐만 아니라 소비자에게도 투명하게 제공되어야 한다. 최근 축산물에 대한 정보 습득이 쉬워지면서 동물복지에 관심이 많은 소비자는 그들의 사육 환경에도 상당히 많은 관심을 보이고 있다. 이러한 관심이 동물복지 제품에 대한 불신으로 바뀌지 않고 실질적인 구매 활동으로 이어질 수 있도록 동물복지 사육 환경과 인증제도를 이해시키는 것에 보다 노력을 기울여야 할 때이다.

# 주
---

1.  Yun et al., "The effects of ovarian biopsy and blood sampling methods on salivary cortisol and behaviour in sows", Research in veterinary science, 114, 2017. pp. 80-85.

2.  Baxter et al., "Achieving optimum performance in a loose-housed farrowing system for sows : the effects of space and temperature", Applied Animal Behaviour Science, 169, 2015. pp. 9-16.

3.  Van de Weerd et al., "Bringing the issue of animal welfare to the public : A biography of Ruth Harrison(1920 - 2000)", Applied Animal Behaviour Science, 113, 2008. pp. 404-410.

4.  Yun et al., "Behavioural alterations in piglets after surgical castration : Effects of analgesia and anaesthesia", Research in veterinary science, 125, 2019. pp. 36-42.

5.  Munsterhjelm et al, "Sick and grumpy : changes in social behaviour after a controlled immune stimulation in group-housed gilts", Physiology & behavior, 198, 2019. pp. 76-83.

6.  Telkänranta et al., "Fresh wood reduces tail and ear biting and increases exploratory behaviour in finishing pigs", Applied Animal Behaviour Science, 161, 2014. pp. 51-59.

7.  Valros et al., "Managing undocked pigs - on-farm prevention of tail biting and attitudes towards tail biting and docking", Porcine health management, 2, 2016. pp. 1-11.

8.  7과 동일

9.  Nystén et al., "Sow nest-building behavior in communal farrowing relates to productivity and litter size", Applied Animal Behaviour Science, 269, 2023. 106117.

10. 9와 같은 논문에서 그림 인용 및 재가공

11. Yun et al., "Antimicrobial use, biosecurity, herd characteristics, and antimicrobial resistance in indicator Escherichia coli in ten Finnish pig farms", Preventive Veterinary Medicine, 193, 2021. 105408.

12. 농림축산검역본부, 〈2020년도 국가 항생제 사용 및 내성 모니터링(동물, 축산물)〉, 2021.

13. 11과 동일

14. 12와 동일

15. 12와 동일

16. 한국동물약품협회, 재인용 : 농림축산식품부 보고서, 2021.

17. 12와 동일

18. 12와 동일

19. Yun et al., "Nest-building in sows: Effects of farrowing housing on hormonal modulation of maternal characteristics", *Applied Animal Behaviour Science*, 148(1-2), 2013. pp. 77-84.

    Yun et al., "Prepartum nest-building has an impact on postpartum nursing performance and maternal behaviour in early lactating sows", *Applied Animal Behaviour Science*, 160, 2014. pp. 31-37.

20. 19와 동일

21. Yun et al., "Effects of prepartum housing environment on abnormal behaviour, the farrowing process, and interactions with circulating oxytocin in sows", *Applied Animal Behaviour Science*, 162, 2015. pp. 20-25.

22. Yun et al., "Farrowing environment has an impact on sow metabolic status and piglet colostrum intake in early lactation", *Livestock Science*, 163, 2014. pp. 120-125.

23. Lee et al., "Stimulating prepartum-nest building behavior through alternative nesting materials has impacts on farrowing kinetics and maternal characteristics in crated sows", *Applied Animal Behaviour Science*, 275, 2024. p. 106284.

24. 23과 동일

25. Shin et al., "Effects of Nesting Material Provision and High-Dose Vitamin C Supplementation during the Peripartum Period on Prepartum Nest-Building Behavior, Farrowing Process, Oxidative Stress Status, Cortisol Levels, and Preovulatory Follicle Development in Hyperprolific Sows", *Antioxidants*, 13, 2024. p. 210.

26. Jensen, P., "Observations on the maternal behaviour of free-ranging domestic pigs", *Applied animal behaviour science*, 16(2), 1986. pp. 131-142.

27. Pedersen et al., "Early piglet mortality in loose-housed sows related to sow and piglet behaviour and to the progress of parturition", *Applied Animal Behaviour Science*, 96(3-4), 2006. pp. 215-232.

28. 27과 동일

29. 27과 동일

30. Lee et al., "Large litter size increases oxidative stress and adversely affects nestbuilding behavior and litter characteristics in primiparous sows", *Frontiers in Veterinary Science*, 10, 2023. p. 1219572.

31. 30과 동일

32. 30과 동일

33. Kim et al., "The effect of probiotic mixture supplementation on litter performance, backfat thickness and heart girth in sows", Annual International Conference of KSAST, 2023. Gwangju, Korea. Poster presentation.

34. Yun et al, "Factors affecting piglet mortality during the first 24 h after the onset of parturition in large litters: effects of farrowing housing on behaviour of postpartum

sows", *Animal*, 13(5), 2019. pp. 1045-1053.

35. Khoramshahi et al., "Real-time recognition of sows in video: A supervised approach", *Information Processing in Agriculture*, 1(1), 2014. pp. 73-81.

36. Jeon et al., "Assessing physical indicators for identifying low-weight gain and IUGR piglets" Annual International Conference of KSAST, 2023. Gwangju, Korea. Poster presentation.

37. Jeon et al., "Viability prediction and evaluation methods for neonatal piglts with low body weight gain and intra-uterine growth restriction", submitted to Porcine Health Management.

38. 34와 동일

39. Beattie et al., "Influence of environmental enrichment on the behaviour, performance and meat quality of domestic pigs", *Livestock Production Science*, 65(1-2), 2000. pp. 71-79.
    Casal-Plana et al, "Influence of enrichment material and herbal compounds in the behaviour and performance of growing pigs", *Applied Animal Behaviour Science*. 195, 2017. pp. 38-43.

40. Blackshaw et al., "The effect of a fixed or free toy on the growth rate and aggressive behaviour of weaned pigs and the influence of hierarchy on initial investigation of the toys", *Applied Animal Behaviour Science*, 53(3), 1997. pp. 203-212.

41. Nowicki et al., "Environmental enrichment for pigs – practical solutions according to the Commission Recommendation (EU) 2016/336", Annals of Warsaw University of Life Sciences-SGGW. Animal Science, 57, 2018.

42. 40과 동일

43. Blackshaw et al., "The effect of a fixed or free toy on the growth rate and aggressive behaviour of weaned pigs and the influence of hierarchy on initial investigation of the toys", *Applied Animal Behaviour Science*, 53(3), 1997. pp. 203-212.
    Scott et al., "Influence of different types of environmental enrichment on the behaviour of finishing pigs in two different housing systems: 3. Hanging toy versus rootable toy of the same material", *Applied Animal Behaviour Science*, 116(2-4), 2000. pp. 186-190.

44. Kim et al., "Effects of sling belt provision on behaviour, skin lesions, and salivary cortisol level in growing pigs after transport and regrouping", *Applied Animal Behaviour Science*, 269, 2023. p. 106116.

45. 44와 동일

46. 44와 동일

47. Sin et al., "Environmental enrichment materials in different types of floor: their effects on exploratory behaviors in growing pigs", Annual International Conference of

KSAST, 2023. Gwangju, Korea. Poster presentation.

48. Song et al., "The impact of environmental enrichment mateirlas on the growth performance and occurrenc of body wounds in fattening pigs housed on slatted and solid floors", Annual International Conference of KSAST, 2023. Gwangju, Korea. Poster presentation.

49. 48과 동일

50. Song et al., "The effects of different enrichment materials and floor type on growth performance, body wounds, and environmental assessment in fattening pigs", The 14th European Symposium for Porcine Health Management, 2023. Thessaloniki, Greece. Poster presentation.

51. Robichaud et al., "Is the profitability of Canadian tiestall farms associated with their performance on an animal welfare assessment?", Journal of dairy science, 101(3), 2018. pp. 2359-2369.

돼지 복지

# 참고문헌

2장

- Yun, J., Björkman, S., Pöytäkangas, M. and Peltoniemi, O., "The effects of ovarian biopsy and blood sampling methods on salivary cortisol and behaviour in sows", *Research in veterinary science*, 114, 2017, pp. 80-85.
- Baxter, E.M., Adeleye, O.O., Jack, M.C., Farish, M., Ison, S.H. and Edwards, S.A., "Achieving optimum performance in a loose-housed farrowing system for sows: the effects of space and temperature", *Applied Animal Behaviour Science*, 169, 2015. pp. 9-16.

3장

- Van de Weerd, H. and Sandilands, V., "Erratum to? Bringing the issue of animal welfare to the public: A biography of Ruth Harrison (1920? 2000)? (Appl. Anim. Behav. Sci. 113 (2008) 404? 410)", *Applied Animal Behaviour Science*, 116(2-4), 2009. pp. 306-306.

4장

- Yun, J., Ollila, A., Valros, A., Larenza-Menzies, P., Heinonen, M., Oliviero, C. and Peltoniemi, O., "Behavioural alterations in piglets after surgical castration: Effects of analgesia and anaesthesia", *Research in veterinary science*, 125, 2019. pp. 36-42.
- Munsterhjelm, C., Nordgreen, J., Aae, F., Heinonen, M., Valros, A. and Janczak, A.M., "Sick and grumpy: changes in social behaviour after a controlled immune stimulation in group-housed gilts", *Physiology & behavior*, 198, 2019. pp. 76-83.
- Telkänranta, H., Bracke, M.B. and Valros, A., "Fresh wood reduces tail and ear biting and increases exploratory behaviour in finishing pigs", *Applied Animal Behaviour Science*, 161, 2014. pp. 51-59.
- Valros, A., Munsterhjelm, C., Hänninen, L., Kauppinen, T. and Heinonen, M., "Managing undocked pigs – on-farm prevention of tail biting and attitudes towards tail biting and docking", *Porcine health management*, 2(1), 2016. pp. 1-11.

6장

- Maria, N., Jinhyeon, Y., Shah, H., Stefan, B., Anna, V., Nicoline, S., Chantal, F. and

Olli, P., "Sow nest-building behavior in communal farrowing relates to productivity and litter size", *Applied Animal Behaviour Science*, 269, 2023. p. 106117.

7장

* Yun, J., Muurinen, J., Nykäsenoja, S., Seppä-Lassila, L., Sali, V., Suomi, J., Tuominen, P., Joutsen, S., Hämäläinen, M., Olkkola, S. and Myllyniemi, A.L., "Antimicrobial use, biosecurity, herd characteristics, and antimicrobial resistance in indicator Escherichia coli in ten Finnish pig farms", *Preventive Veterinary Medicine*, 193, 2021. p. 105408.
* 농림축산검역본부. 2021. 〈2020년도 국가 항생제 사용 및 내성 모니터링(동물, 축산물)〉.

8장

* Yun, J., Swan, K.M., Vienola, K., Farmer, C., Oliviero, C., Peltoniemi, O. and Valros, A., "Nest-building in sows: Effects of farrowing housing on hormonal modulation of maternal characteristics", *Applied Animal Behaviour Science*, 148(1-2), 2013. pp. 77-84.
* Yun, J., Swan, K.M., Vienola, K., Kim, Y.Y., Oliviero, C., Peltoniemi, O.A.T. and Valros, A., "Farrowing environment has an impact on sow metabolic status and piglet colostrum intake in early lactation", *Livestock Science*, 163, 2014. pp. 120-125.
* Yun, J., Swan, K.M., Farmer, C., Oliviero, C., Peltoniemi, O. and Valros, A., "Prepartum nest-building has an impact on postpartum nursing performance and maternal behaviour in early lactating sows", *Applied Animal Behaviour Science*, 160, 2014. pp. 31-37.
* Yun, J., Swan, K.M., Oliviero, C., Peltoniemi, O. and Valros, A., "Effects of prepartum housing environment on abnormal behaviour, the farrowing process, and interactions with circulating oxytocin in sows", *Applied Animal Behaviour Science*, 162, 2015. pp. 20-25.
* Lee, G., Jeon, H., Shin, H., Lee, J., Kim, J., Kang, J., Kang, K. and Yun, J., "Stimulating prepartum nest-building behavior through alternative nesting materials has impacts on farrowing kinetics and maternal characteristics in crated sows", *Applied Animal Behaviour Science*, 2024. p. 106284.
* Lee, J., Y.Kim, H.Jeon, H.Choi, J.Kim, J.Kang, K.Kang, J.Yun. "Provision of webbing belt and cotton towlel for prepartum sows with crating system: their effects on farrowing performance", 2022. The 13th ESPHM, Budapest, Hungary. Poster presentation. The 19th AAAP, Jeju, Korea. Poster presentation.
* Shin, H., Y.Kim, H.Jeon, J.Kim, J.Lee, K.Kang, J.Kang, J.Yun. 2022. Correlations between prepartum nest-building behaviour and postpartum maternal characteristics in crated sows. The 19th AAAP, Jeju, Korea. Poster presentation.

- Jeon, H., Y.Kim, J.Lee, J.Kim, H.Choi, K.Kang, J.Kang, J.Yun. "The provision of the sling belt as a nesting material in farrowing crates: their effects on sow prepartum behaviour", 2022. The 19th AAAP, Jeju, Korea. Poster presentation (Best Poster Awarded). The 19th AAAP, Jeju, Korea. Poster presentation.
- Kim, Y., H.Jeon, J.Lee, J.Kim, H.Choi, K.Kang, J.Kang, J.Yun. "Effects of the provision of sling belt and cotton towel on nursing behaviour in early lactating sows in crating system", 2022. The 19th AAAP, Jeju, Korea. Poster presentation.
- Lee, J., Y.Kim, H.Jeon, J.Kim, H.Choi, K.Kang, J.Kang, J.Yun. "Stimulating prepartum nest-building behaviour by provision of sling belt improves the farrowing process of the sows in the crate", 2022. The 19th AAAP, Jeju, Korea. Oral presentation.
- Shin, H. Jeon, H., Lee, J., Kim, J., Lee, G., Yun, J. "Effects of coconut coir mat provision and vitamin c supplementation on prepartum nest-building behaviour of hyperprolific sows", 2023. The 14th ESPHM, Thessaloniki, Greece. Poster presentation.
- Shin, H., Lee J., Lee, G., Yun, J. "Effects of nesting material provision and vitamin c supplementation on follicular development in hyperprolific sows", 2023. 2023 Annual International Conference of KSAST, Gwangju, Korea. Oral presentation.
- Jensen, P., "Observations on the maternal behaviour of free-ranging domestic pigs", Applied animal behaviour science, 16(2), 1986. pp. 131-142.
- Pedersen, L.J., Jørgensen, E., Heiskanen, T. and Damm, B.I., "Early piglet mortality in loose-housed sows related to sow and piglet behaviour and to the progress of parturition", Applied Animal Behaviour Science, 96(3-4), 2006. pp. 215-232.
- Kim, J., Shin, H., Lee, J., Lee, G., Yun, J. "The effect of probiotic mixture supplementation on litter performance, backfat thickness and heart girth in sows", 2023. 2023 Annual International Conference of KSAST, Gwangju, Korea. Poster presentation.
- Lee, J, Shin, H., Kim, J., Jeon, H., Yun, J. "Preaprtum nest-building and postpartum nursing behaviour in sows: comparison between hyperprolific and non-hyperporlific", 2022. The 19th AAAP, Jeju, Korea. Oral presentation.
- Lee, J., Shin, H., Jo, J., Lee, G. and Yun, J. "Large litter size increases oxidative stress and adversely affects nestbuilding behavior and litter characteristics in primiparous sows", Frontiers in Veterinary Science, 10, 2023. p. 1219572.
- Yun, J., Han, T., Björkman, S., Nystén, M., Hasan, S., Valros, A., Oliviero, C., Kim, Y. and Peltoniemi, O., "Factors affecting piglet mortality during the first 24 h after the onset of parturition in large litters: effects of farrowing housing on behaviour of postpartum sows", Animal, 13(5), 2019. pp. 1045-1053.

- Khoramshahi, E., Hietaoja, J., Valros, A., Yun, J. and Pastell, M., "Real-time recognition of sows in video: A supervised approach", Information Processing in Agriculture, 1(1), 2014. pp. 73-81.

9장

- Hyelim Jeon, Geonil Lee, Kyungwon Kang, and Jinhyeon Yun. "Assessing physical indicators for identifying low-weight gain and IUGR piglets", 2023. 2023 Annual International Conference of KSAST, Gwangju, Korea. Poster presentation.
- Hyelim Jeon, Geonil Lee, Kyungwon Kang, and Jinhyeon Yun. Submtted. "Viability prediction and evaluation methods forneonatal piglts with low body weight gain and intra-uterine growth restriction", Porcine Health Management.
- Yun, J., Han, T., Björkman, S., Nystén, M., Hasan, S., Valros, A., Oliviero, C., Kim, Y. and Peltoniemi, O., "Factors affecting piglet mortality during the first 24h after the onset of parturition in large litters: effects of farrowing housing on behaviour of postpartum sows", Animal, 13(5), 2019. pp. 1045-1053.
- Casal-Plana, N., X. Manteca, A. Dalmau, and E. Fàbrega, "Influence of enrichment material and herbal compounds in the behaviour and performance of growing pigs", Applied Animal Behaviour Science. 195, 2017. pp. 38-43.
- Beattie, V., N. O'connell, and B. Moss, "Influence of environmental enrichment on the behaviour, performance and meat quality of domestic pigs", Livestock Production Science, 65(1-2), 2000. pp. 71-79.
- Blackshaw, J. K., F. J. Thomas, and J.-A. Lee, "The effect of a fixed or free toy on the growth rate and aggressive behaviour of weaned pigs and the influence of hierarchy on initial investigation of the toys", Applied Animal Behaviour Science, 53(3), 1997. pp. 203-212.
- Nowicki, J.A.C.E.K., Malopolska, M., Pabianczyk, M., Godyn, D., Schwarz, T.O.M.A.S.Z. and Tuz, R.Y.S.Z.A.R.D., "Environmental enrichment for pigs – practical solutions according to the Commission Recommendation (EU) 2016/336 Annals of Warsaw University of Life Sciences-SGGW", Animal Science, 57, 2018.
- Scott, K., L. Taylor, B. P. Gill, and S. A. Edwards, "Influence of different types of environmental enrichment on the behaviour of finishing pigs in two different housing systems: 3. Hanging toy versus rootable toy of the same material", Applied Animal Behaviour Science, 116(2-4), 2009. pp. 186-190.
- Junsik Kim, Juho Lee, Janghee Cho, Kyungwon Kang, Hyunwoon Cho, and Jinhyeon Yun, "Effects of the webbing belt provision on salivary cortisol concentrations, wounds on body, and behaviour observations of growing pigs", 2022. The 13th ESPHM, Budapest, Hungary. Poster presentation.

돼지 복지

- Junsik Kim, Juho Lee, Janghee Cho, Kyungwon Kang, Hyunwoon Cho, and Jinhyeon Yun, "The provision of the sling belt reduces salivary cortisol levels and aggressive behaviour of the growing pigs immediately after transportation and regrouping", 2022. The 19th AAAP, Jeju, Korea. Poster presentation.

- Kim, J., Lee, J., Kang, K., Lee, G. and Yun, J., "Effects of sling belt provision on behaviour, skin lesions, and salivary cortisol level in growing pigs after transport and regrouping", Applied Animal Behaviour Science, 269, 2023. p. 106116.

- H. Song, H. Jeon, J. Lee, J. Kim, H. shin, K. Kang, G. Lee, J. Yun, "The effects of different enrichment materials and floor type on growth performance, body wounds, and environmental assessment in fattening pigs", 2023. The 14th ESPHM, Thessaloniki, Greece. Poster presentation.

- Hyerin Sin, Huimang Song, Geonil Lee, Kyoungwon Kang, Jinhyeon Yun, "Environmental enrichment materials in different types of floor: their effects on exploratory behaviors in growing pigs", 2023. 2023 Annual International Conference of KSAST, Gwangju, Korea. Poster presentation (Best Poster Awarded).

- H. Song, H. Jeon, H. Shin, J. Lee, J. Kim, K. Kang, G. Lee, J. Yun, "The impact of environmental enrichment mateirlas on the growth performance and occurrenc of body wounds in fattening pigs housed on slatted and solid floors", 2023. 2023 Annual International Conference of KSAST, Gwangju, Korea. Poster presentation.

10장

- Robichaud, M.V., Rushen, J., De Passille, A.M., Vasseur, E., Haley, D.B. and Pellerin, D., "Is the profitability of Canadian tiestall farms associated with their performance on an animal welfare assessment?", Journal of dairy science, 101(3), 2018. pp. 2359-2369.